2018 年度局管地质科研类项目

河南省栾川县庙湾—竹园萤石矿成矿规律与找矿方向研究

冯绍平　许军强　刘耀文　王　辉　等著
梁新辉　王　哲　张苏坤

U0268904

黄河水利出版社

· 郑 州 ·

内 容 提 要

本书通过野外实地调查,对杨山、砭上萤石矿床地质、矿石组构、围岩蚀变等特征进行了总结,通过岩、矿石的元素地球化学特征、流体包裹体、H—O、Sr 同位素特征研究,认为区内萤石矿成矿流体为低温、低盐度、低密度 NaCl—H_2O 流体体系,以大气降水和岩浆混合流体为主;成矿物质主要来源于燕山期的酸—中酸性岩浆侵入的后热液活动,合峪岩体及其外接触带的火山岩亦可能为萤石成矿提供部分成矿物质。综合研究认为区内萤石矿床属浅成中低温岩浆期后热液型萤石矿床。

通过梳理成矿预测要素,基于 MRAS 软件空间分析功能,应用证据权重法,开展萤石矿找矿靶区预测,圈定区域找矿靶区 16 个,其中 A 级预测靶区 6 个,B、C 级预测靶区各 5 个,为下一步区域找矿部署指明了方向。对杨山、砭上典型矿床(脉),采用趋势外推法对中深部进行定位定量预测,在主要矿脉圈定深部预测区 2 处,预测萤石(CaF_2 矿物)潜在矿产资源 232 万 t,认为杨山萤石矿床 304~407 线 700 m 标高、砭上萤石矿床 311~306 线 500 m 标高以深均具有较大找矿潜力,为下一步矿区重点找矿方向。

本书可供在相关区域从事萤石矿产勘查和成矿理论研究的人员阅读参考。

图书在版编目(CIP)数据

河南省栾川县庙湾—竹园萤石矿成矿规律与找矿
方向研究/冯绍平等著. —郑州:黄河水利出版社,2024.1
ISBN 978-7-5509-3805-2

Ⅰ.①河⋯　Ⅱ.①冯⋯　Ⅲ.①萤石矿床–成矿
规律–研究–栾川县②萤石矿床–找矿方向–研究–栾川县
Ⅳ.①P619.21

中国国家版本馆 CIP 数据核字(2024)第 009913 号

组稿编辑:温红建　电话:0371-66025844　E-mail:wenhj@126.com

责任编辑	周 倩	责任校对	陈俊克
封面设计	黄瑞宁	责任监制	常红昕

出版发行　黄河水利出版社

地址:河南省郑州市顺河路 49 号　邮政编码:450003
网址:www.yrcp.com　E-mail:hhslcbs@126.com
发行部电话:0371-66020550

承印单位　广东虎彩云印刷有限公司
开　　本　787 mm×1 092 mm　1/16
印　　张　10.5
字　　数　243 千字
版次印次　2024 年 1 月第 1 版　　　2024 年 1 月第 1 次印刷
定　　价　65.00 元

《河南省栾川县庙湾—竹园萤石矿成矿规律与找矿方向研究》编委会

编写人员： 冯绍平　许军强　刘耀文　王　辉　梁新辉　王　哲
张苏坤　杨光忠　张旭晃　王占朋　王小涛　常嘉毅
张争辉　颜正信　高锋辉　王树新　张怡静　程蓓雷
周学明　毛　宁　李　想　王　骞　韩新志

技术指导： 汪江河　梁天佑　杨生强

参加人员： 刘玉刚　刘　敏　王中杰　王启蒙　杨秋玲　陈　飞
文　龙　张　豪　王俊德　施　强　李　利　黄　岚
师飞霞　付小琳　周　瑶　赵玉洁　朱彦彦　沈瑞峰
肖贺忠　马红义　丁　毅　何小东

前　言

　　萤石是不可再生的国家战略矿产资源,也是氟化工产业链的起点,作为现代工业的重要矿物原料,其主要应用于新能源、新材料等战略性新兴产业及国防、军事、核工业等领域,也是传统的化工、冶金、建材、光学等行业的重要原材料,具有不可替代的战略地位。我国地处环太平洋成矿带,萤石资源十分丰富。

　　河南省栾川县庙湾—竹园萤石矿成矿带是豫西地区重要的萤石矿产地。2018 年,在河南省地质矿产勘查开发局局管地质科研项目的支持下,作者承担了"河南省栾川县庙湾—竹园萤石矿成矿规律与找矿方向研究"工作,本书是其重要研究成果。本书在充分收集豫西地区萤石相关资料以及野外地质调查的基础上,以现代成矿理论为指导,运用基础地质学、流体包裹体地质学、同位素地质学和成矿预测学等理论和技术方法,从矿体特征、元素地球化学、成矿流体地球化学和同位素地球化学、成矿预测等方面进行研究,分析区域地质背景、矿床地质特征,探讨成矿流体性质、成矿物质来源、矿质沉淀机制以及成矿时代等,对矿床成因和成矿规律进行了全面研究,并根据成矿规律进行成矿预测,指出找矿方向。

　　本书第 1 章绪论由刘耀文、冯绍平、王辉等编写;第 2 章区域地质背景由刘耀文、冯绍平、王辉、王哲等编写;第 3 章典型矿床地质特征由冯绍平、梁新辉、张苏坤、王辉、颜正信、马红义、王哲等编写;第 4 章矿床成因与成矿模式由冯绍平、张苏坤、梁新辉、常嘉毅等编写;第 5 章成矿规律与找矿标志由冯绍平、梁新辉、杨光忠、王辉、王哲等编写;第 6 章成矿预测及找矿方向由冯绍平、张苏坤、王辉、王哲等编写;第 7 章结语由冯绍平、王辉编写。图件由黄岚、张怡静、程蓓雷、师飞霞等编绘,最终由冯绍平、颜正信、汪江河统一编纂、审核定稿。

　　自项目开展工作以来,研究区当地政府、矿山企业及兄弟勘查单位同仁给予了关心和帮助;河北省区域地质矿产调查研究所实验室、河南省地质矿产勘查开发局第一地质矿产调查院实验室、核工业北京地质研究院、中国地质调查局天津地质调查中心对样品的测试和鉴定给予了十分有益的帮助;本院有关分院也给予了多方协助和支持,提供了许多宝贵资料,在此一并表示诚挚的谢意!

　　本项目研究成果参考了有关学者、专家的专著、论文及相关资料,对于报告中引用、涉及的各类原始、基础资料的作者或曾经参与相关工作的所有工作人员,以及为我们提供过帮助、指导的领导、评审专家、学者,在此一并表示诚挚的感谢!

　　最后由衷地感谢河南省地矿局的有关领导,是他们的远见卓识才促成本项目的设立,并保障了项目的顺利进行!

　　由于我们的认知水平和所掌握知识面的局限,报告中尚有很多不尽人意之处,谬误实属难免,敬请批评指正。

作　者

2023 年 10 月

目 录

1 绪 论

《河南省栾川县庙湾—竹园萤石矿成矿规律与找矿方向研究》是 2018 年度河南省地质矿产勘查开发局局管地质科研项目的研究成果。2018 年 5 月 17 日,河南省地质矿产勘查开发局下达了《河南省地质矿产勘查开发局关于下达河南省栾川县庙湾—竹园萤石矿成矿规律与找矿方向研究项目任务的通知》(豫地矿文〔2018〕31 号)。其研究目标任务是:充分收集豫西地区萤石矿相关研究资料,以杨山、砭上萤石矿作为典型矿床,通过地球化学、年代学和流体包裹体测试等手段,探讨萤石矿的成矿规律,确定成因类型,指出找矿方向,指导萤石矿地质找矿工作。

1.1 研究区概况

研究区位于栾川县东部,行政区划隶属栾川县合峪镇管辖,工作区距栾川县城 15～30 km,区内 311 国道、洛栾快速通道和县乡公路、村村通公路穿境而过,交通便利,见图 1-1。

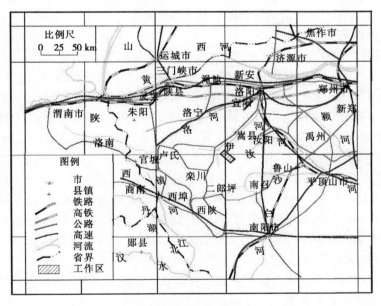

图 1-1 研究区交通位置

研究区地处伏牛山北麓,属于低中山区。切割显著,冲沟发育。本区没有明显水体,为季节性、间接性流水,旱时无水,雨季有短暂径流,雨后即干。各支沟溪流向西流入伊河,本区属伊河支流,黄河水系。

研究区地处亚热带向暖温带过渡区,属暖温带大陆性季风气候,最高气温 40 ℃,最低

气温 −16.4 ℃,年均气温 12.1 ℃,年日照 2 103 h,年均降水量 862.8 mm,降雨多集中在 7~9 月,降雪期为每年的 11 月至次年 2 月,冰冻期为每年的 12 月至次年 2 月,无霜期 198 d。夏无酷暑,冬无严寒。主要植被是落叶阔叶林,是河南省的主要森林区。

研究区附近以农业为主,主要作物有小麦、玉米、土豆以及经济作物香菇、木耳、核桃等副业,近年来萤石矿的采选业极其兴盛。区内劳动力充足,水、电条件良好,可以满足矿山生产生活需要。

1.2　国内外研究现状及存在问题

1.2.1　国内外研究现状

萤石的主要成分是 CaF_2,含杂质较多,Ca 常被 Y 和 Ce 等稀土元素替代,此外还含有少量的 Fe_2O_3、SiO_2 和微量的 Cl、O_2、He 等。纯净的萤石无色,自然界中的萤石常显鲜艳的颜色,常见的有浅绿至深绿色、蓝、绿蓝、黄、酒黄、紫、紫罗兰色、灰、褐、玫瑰红、深红等(邹灏,2013)。随着科技和国民经济的不断发展,萤石已成为现代工业中重要的矿物原料,我国已将它列为一种重要的非金属战略矿产资源。

天然萤石是内生热液活动的产物,不仅可以单独形成萤石矿,还可与其他金属矿物(如 Mo、Pb、Zn、Ag、Au、U 等)或非金属矿物(石英、方解石、重晶石等)伴生产出,部分伴生矿床萤石产出量巨大(如湖南柿竹园)(赵玉,2016)。

1.2.1.1　国内萤石资源状况

我国已探明萤石矿区有 500 多处,分布在 27 个省(直辖市、自治区),主要集中在中东部地区,代表性产地有浙江省武义、遂昌、龙泉,内蒙古自治区四子王旗、额济纳旗,福建省建阳、将乐、邵武,安徽省郎溪、旌德,河南省信阳、洛阳,甘肃省高台、永昌等地。大中型矿床主要集中在湖南柿竹园、湖南桃林、内蒙古苏莫查干敖包和浙江湖山等地。

我国地处环太平洋成矿带,萤石资源十分丰富。截至 2018 年,我国已查明萤石(CaF_2)资源储量 2.57 亿 t(中国矿产资源报告,2019),占世界资源储量的 50% 以上,居全球第一位。我国已查明的萤石储量由 2014 年的 2 400 万 t 猛增到 2015 年的 4 000 万 t,之后保持缓慢增长。截至 2018 年底,我国已查明萤石储量为 4 200 万 t,占世界总储量的 13.55%(王自国等,2020)。随着勘查工作的推进和选矿技术的提高,特别是对伴生萤石矿的有效利用,萤石查明储量还将进一步增加。2018 年全球萤石产量在 580 万 t。中国、墨西哥、蒙古国、南非等国是主要萤石生产国,中国为全球最大的萤石生产国,2018 年中国萤石产量在 350 万 t 左右,产量占全球比重的 63.09%(赵鹏等,2020)。

1.2.1.2　萤石矿床类型分类

萤石广泛产出于各类构造环境中,矿床种类丰富,从中–低盐度的中–低温热液脉状矿床(Loucks et al.,2000;张寿庭等,2014)到高温、高盐度的岩浆矿床中均有产出(许东青,2009)。

随着对萤石矿认识程度的不断加深,很多学者对中国萤石矿的类型进行了总结。目前,主要分类依据有矿物组合及矿床成因分类、赋矿围岩特征分类、工业意义分类及其他方法分类。

1960 年 A. И. 列别金采夫将萤石矿床划分为三个类型:①产于火成岩中(一般是酸性侵入岩)的萤石矿床;②产于碎屑沉积岩中的萤石矿床;③产于灰岩中的萤石矿床。蔡国祥(1985)研究湖南萤石矿产资源后,将萤石矿按矿床类型分为四类:①产于岩浆岩和碎屑岩中的脉状充填萤石矿床;②产于酸性岩浆岩与碳酸盐岩接触带中的萤石矿床;③产于碳酸盐岩中层控萤石矿床;④外生风化矿床,矿石类型有单一萤石和伴生萤石两种。曹俊臣(1987)以矿床赋矿围岩类型和矿床地质特征作为划分依据,总结中国萤石矿床成矿环境条件,将中国萤石矿床划分为三大类型:①产于酸-中酸性岩浆岩及其接触带的矿床;②产于火山岩及次火山岩中的矿床;③产于碳酸盐岩或其他沉积岩、火山沉积岩中的矿床。吴自强等(1989)根据围岩条件和矿物组合将萤石矿床分为五个类型:①多金属-硫化物-萤石矿床型;②方解石-萤石型(萤石矿体呈层状);③石英-萤石型和萤石型矿床型(萤石矿体发育于火山岩);④萤石-重晶石型矿床型(萤石矿体发育于碳酸盐岩);⑤石英-萤石型矿床型(萤石矿体发育于老变质岩)。德国地质学家 Dill 等(2010)将全球萤石矿床划分为岩浆床、与构造活动相关的矿床、沉积矿床三大类。王吉平等(2010、2014)将中国萤石矿床划分为热液充填型、沉积改造型和伴生型三种类型。

1.2.1.3 成矿物质来源

萤石的主要成矿物质是 F 和 Ca。通过同位素示踪,对比分析矿体、围岩及地层间的相互关系,是探究萤石成矿物质来源的主要研究方法(赵玉,2016)。萤石中 Ca 与 Sr 的地球化学特性相近,有相近的离子半径,两者常发生类质同象替换(Deer et al. ,1966)。萤石是一种相对富 Sr 而贫 Rb 的矿物,在成矿过程中,矿物中 Sr 同位素组成不受^{87}Rb 衰变的影响,较好地保存了成矿流体本身的 Sr 同位素组成信息,其 Sr 同位素组成能较好地示踪成矿流体的来源,因此 Sr 同位素分析也是研究萤石矿 F、Ca 物质来源的常用手段(朱敬宾等,2021)。李长江等(1991)通过对中国东南部部分萤石矿床及有关岩石的锶同位素组成研究,由萤石及围岩的锶同位素比值可以看出,萤石^{87}Sr/^{86}Sr 为 0.709 4~0.718 8,花岗岩^{87}Sr/^{86}Sr 为 0.705 9~0.721 6,火山岩、沉积岩的^{87}Sr/^{86}Sr 为 0.707 1~0.727 8,变质岩的^{87}Sr/^{86}Sr 为 0.745 4~0.909 0。萤石的锶同位素比值与围岩花岗岩及火山岩、沉积岩较接近,萤石矿中的 Sr 主要来自围岩花岗岩,其次来自于火山岩、沉积岩,而与变质岩关系不大。

萤石中 Nd 主要来源于对 Ca^{2+} 的置换,且易于保存,所以 Nd 同位素也是萤石物质来源示踪的主要方法之一(Ronchi et al. ,1995),特别是对 F 的示踪。苏莫查干敖包矿萤石的 εNd(-5.02~-2.33)变化特征,指示成矿物质来源具壳幔混源特征,而萤石的^{143}Nd/^{144}Nd 比值(0.512 203~0.512 341)低于早白垩世伟晶花岗岩 (0.512 364~0.512 517)和细粒花岗岩脉(0.512 420~0.521 244),高于早二叠世大石寨组的火山岩(0.512 224~0.512 300)和大理岩(0.522 135~0.512 607)(许东青,2008),说明萤石的 Nd 同位素组成主要由早白垩世的酸性花岗岩类提供,判定伟晶花岗岩为成矿流体中 F 的主要来源。

热力学实验是另一途径。萤石花岗岩的熔化-结晶实验中,所有实验压力条件下萤石都最先熔化,并在 600~650 ℃内结晶出他形萤石,证明花岗岩中萤石的岩浆成因(Jerry et al.，1987）。李福春等（2000）用富氟花岗岩 $HF-H_2O$ 体系的熔化-结晶实验，也证实了富氟含稀有金属花岗岩中的萤石是在岩浆环境下生成的。

实验岩石学研究还表明，萤石不仅能够强烈富集稀土元素，而且可以继承热液流体的稀土元素配分模式（Sato. K.，1980；Bau et al.，1991、1992），因此萤石中稀土元素的含量及相关参数（如 $\sum REE$、LREE/HREE、Eu/Eu^*、Ce/Ce^*、Y/La、Tb/Ca-Tb/La 图解等）能为揭示成矿流体物质来源、性质与演化及反演热液成矿作用过程提供重要信息，并为成矿预测提供依据（Simonetti et al.，1995）。

萤石的微量和稀土元素地球化学被广泛应用于对成矿流体的氧化性、同源性、矿床成因类型及与围岩的亲缘关系研究（盛学成，2015）。曹俊臣（1995、1997）认为华南地区低温脉状萤石矿床萤石中的稀土元素总量与矿床围岩的稀土元素总量呈正相关关系，且随着成矿作用由早到晚，成矿热液中的稀土元素总量呈逐渐下降趋势。花岗岩中的萤石稀土元素配分曲线与花岗岩有相似性与同步性。特别是将同类岩石中萤石稀土元素配分曲线不仅落于黑云母及黑云母花岗岩稀土元素配分曲线下方，且均具有相似变化规律；而萤石的 Eu 负异常明显低于黑云母及黑云母花岗岩。表明萤石对围岩稀土元素的继承性，即萤石的稀土元素来自于被地下热液淋滤的黑云母。

Eu、Ce 异常是成矿流体的氧化还原条件指示剂，在相同的氧化还原条件下 δEu 与 δCe 常呈负相关性。还原条件下 Eu^{3+} 转化为 Eu^{2+}，因 Eu^{2+} 离子半径（1.17Å）比 Ca^{2+}（1.00Å）大较多，故不易取代萤石中 Ca^{2+} 而显示萤石的 Eu 亏损；氧化条件下，Ce^{3+} 易被氧化成 Ce^{4+}，导致与其他 REE^{3+} 发生地球化学分离，从而使萤石显示负 Ce 异常。Bau 等（1995）在研究德国和英国多个矿床中萤石的稀土元素地球化学特征后认为，萤石的 Y/Ho 和 La/Ho 比值能反映其成矿流体的同源性。曹华文（2014）根据内蒙古林西水头萤石矿两条矿脉的样品在 Y/Ho-La/Ho 图中呈一条直线分布，证明两条矿脉的萤石具有同源性。

1.2.1.4　成矿年龄

用于测定萤石形成年龄的途径可分为两种：一种是直接测定萤石矿物的年龄，测年方法主要有 Sm-Nd 法、萤石裂变径迹法及萤石（U-Th）/He 法；另一种是通过测定与萤石共生的石英年龄确定成矿时代，例如石英电子自旋共振（ESR）法和石英裂变径迹法。

萤石是成矿过程中形成的矿物，其中稀土含量受矿化过程中蚀变作用和矿化期后各种热扰动事件的影响相对较小，且稀土元素之间具有较明显的分馏现象，Sm/Nd 比值范围大，是一种应用 Nd 同位素测定成矿年龄较为理想的矿物（许成，2001），因此，Sm-Nd 等时线法被认为是目前用于萤石测年中最可靠的测年方法之一。

Chesley et al.（1991、1994）和 Möller et al.（1976）利用萤石 Sm-Nd 法确定了英格兰西南部与花岗岩有关的萤石矿的成矿时代，认为成矿过程中岩浆活动是成矿热源和流体的重要贡献者。李长江等（1989）利用全岩 Sr 同位素法及萤石裂变径迹法成功地确定了浙江武义—东阳萤石矿床的形成时代和主要矿源层，揭示出萤石矿床的形成主要与古地热水环流汲取作用有关。

已有资料表明，我国萤石矿的成矿时代主要以燕山期—喜山期为主（李长江等，1989；卢武长等，1991；韩文彬，1991；彭建堂等，2002）。张良旭等（1988）对甘肃省马衔山萤石矿床萤石成矿年龄测得 3 组年龄，其中产于混合岩中的萤石成矿年龄为 225.2 ~

227.8 Ma;产于混合花岗岩中的萤石成矿年龄为 192.7~195.4 Ma;硅质灰岩中的萤石成矿时间最晚,为 183.9 Ma。李长江等(1989)对浙西北拗陷区和浙中隆起区的庚村、杨家、南山坑 3 个萤石矿床的萤石进行裂变径迹法测定,测得萤石矿化年龄为(71.6±6.79)~(83.6±7.52)Ma,形成于喜山期晚白垩世。卢武长等(1991)估计浙江黄双岭萤石矿的成矿年龄大约为 107 Ma。韩文彬等(1991)测得浙江武义矿田萤石矿同位素年龄值为 85 Ma。彭建堂等(2002)对黔西南晴隆锑矿床的萤石进行 Sm-Nd 同位素研究,表明主成矿期的萤石对应两组等时线年龄,分别为(148±8)Ma 和(142±16)Ma,显示该矿床成矿作用发生在燕山期晚侏罗世。

庞绪成等(2019)对嵩县康达萤石矿进行了萤石 Sm-Nd 法测年研究,结果显示该矿床成矿年龄为(123±9.1)Ma。刘纪峰等(2020)利用萤石 Sm-Nd 法对嵩县陈楼萤石矿的成矿年龄进行了测试,测得萤石 Sm-Nd 同位素等时线年龄为(120±17)Ma。赵玉(2020)对栾川马丢萤石矿进行了萤石 Sm-Nd 法测年,等时线年龄为(118.9±7.8)Ma;安沟萤石矿通过 Sm-Nd 同位素测年获得等时线年龄为(119.1±4.3)Ma。豫西地区已测得的萤石矿年龄揭示成矿作用主要发生在燕山晚期早白垩世。

1.2.1.5 成矿温度

流体是成矿物质运移的主要载体,流体包裹体作为成矿流体被保留下的线索,对矿床成矿温度等方面研究有重要作用(陈慧军,2014)。萤石矿成矿温度变化规律的研究是萤石矿研究的重要内容,包裹体测温已广泛应用于矿床成矿温度的研究中。关于热液矿床成矿温度的划分,一般认为:300~500 ℃为高温,200~300 ℃为中温,50~200 ℃为低温。

大多数学者(Steven,1960;Roedder,1963)认为,萤石矿床是在低温热液系统中形成的;但也有学者(Jerry,1987)通过萤石花岗岩的熔化-结晶实验证明,花岗岩中的萤石是岩浆成因,且形成的热液系统温度较高。但测温数据大多显示萤石矿为低温成矿(见表 1-1)。通过不同学者对萤石矿成矿温度的成果总结,表明只有少数萤石矿成矿温度高于 250 ℃,一般情况下,萤石矿成矿温度都普遍集中于 100~250 ℃,属于中低温-低温矿床。

1.2.1.6 矿床成因

Möller 等(1976)在对全球 150 多个萤石矿床总结和研究的基础上,提出了 Tb/La-Tb/Ca 比值双变量图解,用来判断萤石的成因类型,判明成矿流体与围岩是否发生了水岩反应,由此划分出 3 种成因类型的萤石矿床:①伟晶岩(气液)成因;②热液成因;③沉积成因。Tb/Ca 比值的变化反映了成矿流体对围岩 Ca 的混染作用和稀土元素在流体中的吸附作用;Tb/La 比值的变化则反映稀土元素的分馏作用。Tb/La-Tb/Ca 比值双变量图解已被国内外专家学者广泛应用,多用于单一萤石矿床,也有人将其应用于单一萤石矿床以外的其他含钙矿物(如方解石)矿床及萤石相关的矿床中(Subías et al.,1995;张东亮,2012)。

表 1-1 不同萤石矿床成矿温度统计

产地或矿床	包裹体均一温度/℃	备注
河北省平泉萤石矿	100~132	陈汉银（1986）
浙江省西北部萤石矿	80~230	汤正义（1986）
甘肃省马衔山萤石矿	127.3（80~260）	张良旭（1988）
湖北省双江口—将军庙萤石矿	240（200~282）	涂登峰（1987）
浙江省遂昌、丽水萤石矿	83~190	万永文等（1989）
浙江省武义萤石矿	130±27	马承安（1990）
川东南的武隆桐梓地区萤石矿	172~194	潘忠华（1994）
浙江黄双岭萤石矿	118~191	卢武长（1991）
江西永丰县南坑萤石矿	150~160（130~210）	文化川（1993）
浙江武义盆地萤石矿	130	章永加（1996）
江西波阳莲花山萤石矿	165（110~280）	高文亮（1996）
浙江武义盆地冷水坑萤石矿	158	徐旃章（1999）
山东省招远市青龙萤石矿	140~120（240~110）	李爱民（2002）
黔西南晴隆锑矿区萤石矿	150~180	王国芝（2003）
山东萤石矿	200 以下	石玉臣（2003）
四川省牦牛坪稀土矿床的萤石	230~265	秦朝建（2003）
塔里木盆地塔中 45 井油藏中的萤石	100~130	朱东亚（2005）
塔里木盆地奥陶系萤石	90.8（43.2~130.8）	张兴阳（2006）
湖南省衡南县旺华萤石矿	210~250	丁正宇（2007）
浙江省八面山萤石矿	120~240	夏学惠（2009）
辽宁省义县地区萤石矿	130~150	杨子荣（2010）
浙江省绍云县骨洞坑萤石矿	150	方乙（2010）
云南田冲白钨矿床中的萤石	140~230	朱斯豹（2013）
内蒙古林西地区萤石矿	140~270	曾昭法（2013）
西准白杨河镀矿床萤石矿	89.7~188.9	杨文龙等（2014）

续表 1-1

产地或矿床	包裹体均一温度/℃	备注
内蒙古林西县小北沟萤石矿	160~240	王亮(2015)
贵州省务川—沿河地区萤石矿	86~307	赵磊(2015)
河南省栾川县马丢萤石矿	122.2~339.5	赵玉(2016)
浙江缙云盆地吾山萤石矿	64~370.1	李欣宇等(2016)
黔西南地区萤石矿	157~264	代德荣等(2018)
河南省嵩县陈楼萤石矿	115.6~359.2	庞绪成等(2019)

注:据邹灏(2013)、赵玉(2016)资料综合修改。

周卫宁等(1986)利用 Tb/Ca-Tb/La 双变量图解,将广西大厂拉么矿区萤石数据处理后,所有的萤石都落在热液成因区,显示出其为热液成因的特征。赵省民等(2002)根据 Tb/Ca-Tb/La 双变量图解,结合矿床特征和矿区地质背景,认为内蒙古东七一山萤石矿为岩浆热液成因。杨子荣等(2008)利用 Tb/Ca-Tb/La 双变量图解,说明阜新萤石矿同样为热液成因。许东青等(2008)将苏莫查干敖包萤石矿所有的研究样品投绘后,发现都在 Tb/Ca-Tb/La 双变量图解中的热液成矿区域内,指示其属于热液型矿床。夏学惠等(2009)根据 Tb/Ca-Tb/La 双变量图解,结合矿床特征和矿区地质背景研究,认为八面山萤石矿床是受地层-岩体-层间断裂共同控制"三位一体"的低温热液成因矿床。综上所述,热液成因是我国萤石矿床的主要成因类型。

1.2.1.7 萤石颜色

纯净的萤石为无色矿物,萤石的颜色主要是其中混入杂质元素造成的。刘铁庚等(1983)认为萤石颜色的多变性主要是由于放射性辐照产生的辐射损伤。А.И.安德烈耶娃等(1980)对天然萤石的大量统计发现,与铀矿伴生的紫黑色萤石的晶体缺陷比产在萤石矿中的杂色萤石多出 5~7 倍。李新安等(1985)认为萤石的染色与放射性影响关系极为密切,是集结在晶体缺陷中的胶体钙粒子将萤石染为紫色。马承安等(1992)认为浙江武义萤石中的 Ca^{2+} 易发生类质同象,被过渡性金属元素或稀土元素取代,稀土元素在热力及辐射条件下可造成萤石对光波选择性吸收和透射。何涌等(1995)对湘南某矿区萤石的电子顺磁共振谱(ESR)进行比较讨论后,认为该地萤石的紫色是由其中赤铁矿(Fe_2O_3)晶畴(晶间)所致。李久明等(2006)对河北省丰宁银矿萤石研究后,总结认为由矿化或热液活动中心至外围,萤石颜色由紫色→绿色、白色→无(或浅)色,即紫色萤石距矿体最近;绿色、白色萤石距矿体较远;无(或浅)色萤石距离矿液活动中心最远。温度、压力、晶格、元素、有机质等多种因素直接影响着萤石颜色的多样性,而通过对萤石颜色变化规律的研究,对找矿勘探具有重要的指示意义。袁野(2012)研究认为杂质铁特别是 Fe^{3+} 对萤石颜色的影响极为重要,Y 和 Ce 是导致绿色萤石的重要因素。

1.2.1.8 成矿预测研究

成矿预测是矿产勘查工作不可缺少的一个重要组成部分。成矿预测大致可分为区域预测和局部预测。我国习惯分为大、中、小比例尺成矿预测。矿床深部隐伏矿预测属局部大比例尺预测。

我国的成矿预测工作起步晚,但进展较快,先后经历了1977年开始的成矿远景区划和1983年开始的矿产资源总量预测两个时期,并取得了较好的找矿效果。成矿预测中应用数学方法始于1975年,赵鹏大等在宁芜盆地用数理统计方法预测铁矿。1977年,朱裕生等在安徽庐枞盆地预测铁矿。经过了1977年开始的成矿远景区划和1983年开始的矿产资源总量预测两个时期,均取得了较好的找矿效果。

20世纪80年代以来,我国地质找矿面临新的形势,逐步由以找地表矿为主转为以预测、寻找隐伏矿为主的阶段。从1986年起,开始了新一轮成矿远景区划和大比例尺成矿预测工作,许多专家指出,普查找矿进入新阶段后,必须开展"科学找矿",以新的理论为指导,以综合信息为依据,以三维空间为对象,以定量评价为目标,并结合我国实际提出了一些新的成矿预测理论、原则和方法,如矿床系列成矿模式,综合信息预测理论、方法及找矿靶区优选法,立体地质填图等,从而使我国的成矿预测走在世界前列。

进入20世纪90年代以后,地理信息系统在矿产勘查中的推广应用,使数字矿产勘查逐渐成为现实。相继出版了一批应用数学方法与矿产资源预测的著作,如郭光裕等(2002)编写的《脉状金矿床深部大比例尺统计预测理论与应用》等。GIS技术在矿产预测中的应用目前已成为世界性的探索热潮。

我国在大比例尺成矿预测中,着重地质认识上的突破及矿床成矿模型、预测(找矿)模型的建立和现代科学技术手段的应用。我国长江中下游开展以铁、铜为主的多金属隐伏矿预测工作较早,通过主体地质填图和物化探综合信息预测取得了较好的找矿效果。在金矿预测找矿中,吉林夹皮沟金矿首先以矿床地球化学研究为重点,建立了矿床地球化学模式,开展了深部预测,取得了一定的效果。

1.2.2　研究区以往工作评述

研究区位于华北陆块南部华熊隆起,区内地质矿产勘查及研究程度较高。自20世纪50年代以来,先后有原地质(矿产)部、冶金部、建材及化工部所属的多家地勘单位、科研单位和地质院校在该区开展过不同目的、不同性质、不同比例尺的区域地质、矿产地质调查和地质科学研究等工作。

1.2.2.1　区域地质调查和物化探工作

1. 区域地质调查工作

1956~1965年,地质部秦岭区测队和河南省地质局区域地质调查队在本区开展栾川幅1:200 000地质测量,并配有土壤金属量测量及重砂测量。出版有地质图、矿产图及说明书。

1956~1958年,秦岭区域地质测量队完成了栾川幅1:20万区域地质矿产调查,覆盖整个研究区,首次系统地研究了包括研究区在内的东秦岭质和矿产特征,为区内较早的区域基础性资料。该资料为后期地质工作的开展和栾川多个特大型钼矿的发现奠定了良好的基础。

1987～1989 年,河南省地矿厅第一地质调查队完成 1:5万大章幅、嵩县幅、合峪北半幅、木植街北半幅区域地质矿产调查工作,出版了地质、矿产报告及地质图、矿产图。其中,合峪北半幅包括本次研究区域。大部分图幅做了矿点评价、重砂、化探、物探测量等工作,对区内的地质、矿产进行了研究和总结,尤其火山岩方面成果突出,系统总结了区域矿产分布规律,划分了找矿远景区。

2013～2016 年,河南地质调查院完成了河南 1:5万合峪幅(I49E013016)、木植街(I49E013017)、栗树街幅(I49E014016)、车村幅(I49E014017)、二郎庙幅(I49E014018)区域地质矿产调查。其中,合峪幅包括本次研究区域。对区内中生代侵入岩进行了详细的解体,划分了侵入期次,构建了调查区构造-岩浆演化序列;基本查明了不同时代火山岩岩石类型,划分了喷发韵律和旋回及喷发类型,探讨了火山活动的构造环境及演化特点。查明了调查区各类构造形迹特征,总结了各构造单元特征,建立了测区构造格架,探讨了区域地质演化历史。基本查明了各类矿产成矿地质条件,总结了成矿规律,重点总结了与晚中生代早白垩世岩浆活动有关的金属、非金属成矿专属性,划分了成矿区带及找矿远景区。该成果为本次研究工作提供了较为详细的区域地质矿产资料。

2. 物探工作

1958～1961 年,地质 902、903、905 航磁队分别在该区进行了 1:20 万、1:10 万、1:5 万航磁测量。发现了禅堂—付店环形异常带。

1979～1986 年,河南省地矿局物探队先后完成了 1:20 万熊耳山地区和伏牛山地区区域重力调查,并编写了成果报告。

2009～2013 年,河南省地质调查院在进行河南省合峪地区 1:5万区域地质、区域矿产调查中,在其中南部进行了高精度磁法测量(面积约 800 km²),圈出高磁异常 43 个,其中乙级异常 3 个,丙级异常 30 个,丁级异常 10 个。研究区位于本次高精度磁法测区的西北部,分布有 3 个丙级异常,呈西北—东南向展布。异常部位出露地层为早白垩世中斑粗中粒黑云母二长花岗岩、含中斑中粗粒黑云母二长花岗岩与细粒黑云母钾长花岗岩,推测异常可能是由早白垩世黑云母二长花岗岩中含磁性矿物引起的。

3. 化探工作

1956～1958 年,秦岭区测队在 1:20 万栾川幅区域地质矿产调查工作中,进行重砂测量,共圈出了重砂异常 14 处,其中金-铅-辰砂异常 1 处、金-铅-铜异常 1 处、金-铅-锡石异常 1 处、金-铅-雄黄异常 1 处、铅-锡石异常 1 处、铜-铅异常 1 处、铅异常 1 处、铀异常 2 处、辰砂异常 5 处。

1981～1983 年,河南省地质局区域地质调查队在区内开展了栾川幅 1:20 万水系沉积物测量,圈出各类综合异常 52 个。在本次研究区域圈定有氟地球化学异常。

1987～1990 年,河南省第一地质调查队在 1:5万合峪幅和木植街北半幅进行了重砂测量,对 1:20 万水系沉积物测量异常进行了检查。圈出重砂异常 18 处(其中,甲级异常 4 处、乙级异常 9 处、丙级异常 5 处),化探综合异常 16 处(其中,甲级异常 2 处、乙级异常

5处、丙级异常9处)。其中,本次研究区位于合峪北半幅,紧邻2个乙级重砂异常(24-乙-自然金、黄铁矿、白钨矿、萤石及26-乙-铅族、铜族、萤石、辉钼矿、自然金)。

2009~2013年,河南省地质调查院在进行河南省合峪地区1:5万区域地质矿产调查中,完成了覆盖整个测区的1:5万水系沉积物测量,圈定单元素异常335个,新圈定综合地球化学异常39处,其中,甲类异常11处,乙类异常22处,丙类异常6处。其中,杨山萤石矿位于14-甲$_3$ Cu F Mo异常内;砭上萤石矿位于10-乙$_3$ Au F异常内;燕子坡萤石矿位于6-乙$_3$ Au Ag Cu Pd Zn Mo Bi Hg异常内。

1.2.2.2　地质矿产勘查工作

自20世纪70年代以来,先后有多家地质勘查单位在栾川县庙湾—竹园地区开展矿产勘查工作,提交大中型萤石矿床数十处。

1971年1月,河南省革命委员会建设委员会地质勘探公司01队提交了《河南省栾川县柳扒店萤石矿地质普查报告》。矿区位于河南省栾川县合峪西6 km,面积0.5 km^2。完成主要工作量:连续拣块样59个;选矿手标本样42个。通过对萤石矿脉的追索和地质观测、取样编录,取得的主要成果为:矿区内发现萤石矿脉20条,其中规模较大的有7条,脉长66~522 m,脉厚0.1~2.70 m、平均0.27~1.38 m,脉体倾向315°~345°,倾角33°~90°。矿石质量氟化钙各脉平均含量41.90%~87.76%,标本最高品位可达99.55%。矿石中夹石杂质,易于手选。经探采结合认为,以6号和10号脉最具工业意义,脉长分别为522 m和403 m,脉厚1 m和1.12 m,氟化钙含量平均83.91%和84.24%。本报告经河南省地质局审批,核实6号和10号脉萤石矿储量C1+C2级27.20万t,另有地质储量50.30万t。

2015年8月至2017年3月,受洛阳丰瑞氟业有限公司的委托,河南省地质矿产勘查开发局第二地质环境调查院对杨山萤石矿区进行了生产勘探,完成坑道编录2 384.21 m、钻探1 757.23 m、各类样品664件。区内有Ⅰ$_1$、Ⅱ$_1$、Ⅲ$_1$、Ⅲ$_2$、Ⅳ$_1$五个萤石矿体。本次估算工业矿石量3 092.85 kt,CaF$_2$量1 412.16 kt。其中,保有矿石量2 663.07 kt,CaF$_2$量1 216.18 kt;新增保有矿石量2 263.759 kt,CaF$_2$量1 027.287 kt。本次研究工作的典型矿区之一,其中主要研究对象为区内规模较大的Ⅲ$_1$矿体。

2015年8月至2017年7月,受洛阳丰瑞氟业有限公司的委托,河南省地质矿产勘查开发局第二地质环境调查院对砭上萤石矿区进行了生产勘探,完成1:2 000地形及地质测量0.601 km^2、槽探1 550 m^3、坑道编录318.57 m、钻探1 705.52 m、基本分析样110个等。区内有Ⅰ$_1$、Ⅱ$_1$、Ⅲ$_1$、Ⅳ$_1$四个萤石矿体。本次估算矿石量773.86 kt,CaF$_2$量372.33 kt。其中,保有矿石量697.34 t,CaF$_2$量339.13 kt;新增保有矿石量465.862 kt,CaF$_2$量231.303 kt。此矿区是本次研究工作的典型矿区之一。

另外,区内提交了多处萤石矿产储量报告和资源储量核实报告,见表1-2。通过工作,在区内积累了大量的萤石矿地质条件、矿床地质特征等资料,区内萤石矿较发育,为本次研究提供了地质基础。

表1-2 研究区内提交萤石矿资源储量成果一览表

序号	成果名称	单位名称	提交资源储量	出版时间	备注
1	河南省栾川县大干沟萤石矿资源储量报告	河南省地质矿产勘查开发局第一地质调查队	萤石矿(111b)+(122b)+(333)矿石量60 048 t,其中保有(122b)+(333)矿石量46 923 t	2004年	洛地矿认储字[2004]07号文
2	栾川县合峪镇马夭村下马夭陈世超萤石矿区资源储量报告	洛阳康梁地质工程勘查技术有限公司	萤石矿(122b)+(333)矿石量1.063万t,其中(122b)矿石量0.424万t,(333)矿石量0.639万t,均为保有	2004年	洛国土资储备字[2004]3号
3	栾川县合峪镇庙湾村燕子坡萤石矿区资源储量报告	洛阳康梁地质工程勘查技术有限公司	萤石矿矿石量15.41 kt,其中(122b)矿石量7.02 kt,(333)矿石量8.39 kt	2004年	洛国土资储备字[2004]3号
4	栾川县合峪镇上村草沟下阴沟萤石矿区资源储量报告	洛阳康梁地质工程勘查技术有限公司	萤石矿矿石量0.752 kt,其中(122b)矿石量0.353 kt,(333)矿石量0.399 kt	2004年	洛国土资储备字[2004]3号
5	河南省栾川县合峪镇杨山村胡沟门萤石矿资源储量报告	洛阳康梁地质工程勘查技术有限公司	萤石矿(122b)+(333)矿石量7 820 t,其中(122b)矿石量2 940 t,(333)矿石量4 880 t	2004年	洛国土资储备字[2004]3号
6	河南省栾川县合峪镇杨山村竹园沟萤石矿资源储量报告	洛阳康梁地质工程勘查技术有限公司	萤石矿(122b)+(333)矿石量16 700 t;其中(122b)矿石量9 300 t;矿区保有(333)矿石量7 400 t	2004年	洛国土资储备字[2004]3号
7	河南省栾川县合峪镇杨山村小干沟双沟萤石矿资源储量报告	洛阳康梁地质工程勘查技术有限公司	萤石矿(122b)+(333)矿石量11 060 t;矿区保有(333)矿石量5 370 t	2004年	洛国土资储备字[2004]3号
8	河南省栾川县杨山大干沟萤石矿资源储量报告	河南省地质矿产勘查开发局第一地质调查队	萤石矿(111b)+(333)矿石量6 488.3 t,CaF_2量5 013 t;其中(111b)矿石量2 854.2 t,CaF_2量2 202 t,已动用;矿区保有(333)矿石量3 634.1 t,CaF_2量2 811 t	2005年	洛国土资储备字[2005]19号

续表1-2

序号	成果名称	单位名称	提交资源储量	出版时间	备注
9	河南省栾川县杨山小干沟萤石矿资源储量报告	河南省地质矿产勘查开发局第一地质调查队	萤石矿（111b）+（333）矿石量27 936.0 t，CaF_2量17 265.2 t；其中（111b）矿石量22 723.2 t，CaF_2量14 011.1 t，已动用；矿区保有（333）矿石量5 212.8 t，CaF_2量3 254.9 t	2005年	洛国土资储备字[2005]19号
10	河南省栾川县合峪镇上草沟牛改建萤石矿资源储量报告	河南省地质矿产勘查开发局第一地质调查队	萤石矿（333）矿石量6 398.4 kt，CaF_2量4 657.5 t。其中保有（333）矿石量3 354.1 kt，CaF_2量2 441.5 kt，采出（111b）矿石量3 044.3 kt，CaF_2量2 216 t	2005年	洛国土资储备字[2005]19号
11	河南省栾川县合峪镇草沟稻谷地沟萤石矿资源储量报告	河南省地质矿产勘查开发局第一地质调查队	萤石矿（333）矿石量12.674 kt，CaF_2量9 726 t，其中界内保有（333）矿石量1.459 2 kt，CaF_2量1.120 kt，允许标高界外（333）矿石量1.989 8 kt，CaF_2量1.527 kt，动用（111b）矿石量9.224 8 kt，CaF_2量7.079 kt	2005年	洛国土资储备字[2005]21号
12	河南省栾川县合峪镇段家庄萤石矿资源储量报告	河南省地质矿产勘查开发局第一地质调查队	萤石矿矿石量14 874.8 t，CaF_2量11 858 t，平均品位79.72%。其中，采出的（111b）矿石量11 309 t，CaF_2量9 015.2 t，保有（333）矿石量3 566.2 t，CaF_2量2 843.0 t。保有资源储量中，采矿证界内的萤石矿矿石量566.4 t，CaF_2量451.5 t；采矿证界外的萤石矿矿石量2 999.8 t，CaF_2量2 391.5 t	2005年	洛国土资储备字[2005]19号

续表 1-2

序号	成果名称	单位名称	提交资源储量	出版时间	备注
13	河南省栾川县合峪镇韩王沟萤石矿资源储量报告	河南省地质矿产勘查开发局第一地质调查队	萤石矿矿石量 10 256 t,CaF$_2$ 量 6 535.4 t,平均品位 63.73%。其中,采出(111b)矿石量 6 193 t,CaF$_2$ 量 3 979.1 t,保有(333)矿石量 4 063 t,CaF$_2$ 量 2 556.3 t	2005 年	洛国土资储备字[2005]21 号
14	河南省栾川县合峪杨山郭现军沟萤石矿资源储量报告	河南省地质矿产勘查开发局第一地质调查队	萤石矿(111b)+(333)矿石量 5 729 t,CaF$_2$ 量 4 296 t;其中已动用(111b)矿石量 2 491 t,CaF$_2$ 量 1 868 t;矿区保有(333)矿石量 3 238 t,CaF$_2$ 量 2 428 t	2005 年	洛国土资储备字[2005]27 号
15	河南省栾川县合峪镇草沟萤石矿资源储量报告	河南省地质矿产勘查开发局第一地质调查队	萤石矿矿石量 9.263 kt,CaF$_2$ 矿物量为 6 955 t。其中已动用(111b)矿石量 4.230 kt,CaF$_2$ 矿物量为 3 140 t;保有(333)矿石量 5.033 kt,CaF$_2$ 矿物量为 3 815 t	2005 年	洛国土资储备字[2005]27 号
16	河南省栾川县合峪镇砬上俩沟萤石矿资源储量报告	河南省鸿原矿业咨询有限公司	萤石矿矿石量 17.389 kt,CaF$_2$ 量 7.686 kt,其中界内保有(333)矿石量 8.128 kt,CaF$_2$ 量 3.500 kt,动用(111b)矿石量 9.261 kt,CaF$_2$ 量 4.186 kt	2005 年	洛国土资储备字[2006]2 号
17	河南省栾川县合峪镇砬上村草沟萤石矿资源储量报告	河南省鸿原矿业咨询有限公司	萤石矿矿石量 11.410 kt,CaF$_2$ 量 6.119 kt,其中界内保有(333)矿石量 5.244 kt,CaF$_2$ 量 2.970 kt,动用(111b)矿石量 6.166 kt,CaF$_2$ 量 3.149 kt	2005 年	洛国土资储备字[2006]2 号

续表 1-2

序号	成果名称	单位名称	提交资源储量	出版时间	备注
18	河南省栾川县合峪镇小干沟中庄萤石矿资源储量报告	河南省鸿原矿业咨询有限公司	萤石矿(111b)+(333)矿石量 15 261.6 t,CaF$_2$量 7 496.4 t;其中采出(111b)矿石量 7 503 t,CaF$_2$量 3 573.68 t;保有(333)矿石量 7 758 t,CaF$_2$量 3 922.7 t	2005 年	洛国土资储备字[2006]2号
19	河南省栾川县开兴萤石矿资源储量报告	洛阳康梁地质工程勘查技术公司	萤石矿(111b)+(122b)+(333)矿石量 10 423 t,CaF$_2$量 4 637 t;其中(111b)矿石量 3 788 t,CaF$_2$量 1 785 t;保有(122b)+(333)矿石量 6 635 t,CaF$_2$量 2 852 t	2006 年	洛国土资储备字[2006]2号
20	河南省栾川县合峪杨山桃园沟萤石矿资源储量报告	洛阳市征昊技术咨询有限公司	萤石矿(333)矿石量 10 702 t,CaF$_2$量 3 681 t	2006 年	洛国土资储备字[2006]2号
21	河南省栾川县合峪镇杨山苇园沟萤石矿资源储量核查报告	洛阳市矿业发展中心	萤石矿(111b)+(333)矿石量 11 350 t,CaF$_2$量 450 t,CaF$_2$量 170 t;其中采出(111b)矿石量 3 720 t,保有(333)矿石量 10 900 t,CaF$_2$量 3 550 t	2006 年	洛国土资储备字[2006]2号
22	河南省栾川县合峪镇段家庄萤石矿资源储量核查报告	河南省鸿原矿业咨询有限公司	萤石矿(111b)+(121b)+(333)矿石量 20 237.3 t,其中,采出的(111b)矿石量 12 107.9 t,CaF$_2$量 8 129.4 t,保有的(121b)+(333)矿石量 9 412.0 t,CaF$_2$量 3 998.2 t,保有资源储量中,采矿证界内的(121b)+(333)矿石量 4 417.6 t,CaF$_2$量 2 338.7 t,采矿证界外(121b)+(333)矿石量 3 711.8 t,CaF$_2$量 1 659.5 t	2006 年	洛国土资储备字[2006]4号

续表1-2

序号	成果名称	单位名称	提交资源储量	出版时间	备注
23	河南省栾川县合峪镇苗湾村燕子坡萤石矿资源储量核查报告	河南宏源矿业咨询有限公司	萤石矿矿石量21.821 kt,其中界内保有(333)矿石量7.672 kt,CaF₂量11.266 kt,CaF₂量13.819 kt,动用(111b)矿石量14.149 kt,CaF₂量7.448 kt	2006年	洛国土资储备字[2006]4号
24	河南省栾川县合峪杨山竹园沟萤石矿资源储量核查报告	河南宏源矿业咨询有限公司	萤石矿(111b)+(121b)+(333)矿石量24 354.7 t;其中采出(111b)矿石量14 516.6 t,CaF₂量5 314.5 t;保有(121b)+(333)矿石量9 838.1 t,CaF₂量3 736.4 t	2006年	洛国土资储备字[2006]7号
25	河南省栾川县合峪杨山小干沟双沟萤石矿资源储量核查报告	河南宏源矿业咨询有限公司	萤石矿(111b)+(121b)+(333)矿石量19 484.3 t;其中采出(111b)矿石量8 897.7 t,CaF₂量3 150.7 t;保有(121b)+(333)矿石量10 586.6 t,CaF₂量3 757.9 t	2006年	洛国土资储备字[2006]7号
26	栾川县合峪镇干树岭萤石矿区资源储量简测报告	洛阳市征昊技术咨询有限公司	萤石矿矿石量18.112 kt,CaF₂量6.256 kt,其中(111b)矿石量6.497 kt,CaF₂量2.278 kt,(333)矿石量11.615 kt,CaF₂量2.278 kt	2007年	洛国土资储备字[2007]1号
27	河南省栾川县合峪大干沟萤石矿资源储量核查报告	洛阳市征昊技术咨询有限公司	萤石矿(111b)+(122b)+(333)矿石量44 435 t,CaF₂量13.648 t,其中(111b)矿石量31 121 t,为已采出(111b)+(333)矿石量13 223 t。采用(122b)+(333)矿石量13 314 t,CaF₂量3 849 t	2007年	洛国土资储备字[2007]4号
28	河南省栾川县合峪镇草沟稍合地沟萤石矿资源储量核实报告	河南省国土资源科学研究院	萤石矿矿石量17.631 kt,CaF₂量13.648 t,其中界内保有(122b)矿石量1.755 kt,CaF₂量1.387 kt;矿石量3.202 kt,CaF₂量2.535 kt;动用(111b)矿石量12.674 kt,CaF₂量9.726 kt	2008年	洛国土资储备字[2008]6号

续表 1-2

序号	成果名称	单位名称	提交资源储量	出版时间	备注
29	河南省栾川县合峪杨山郭现军萤石矿资源储量核实报告	洛阳市矿业发展中心	萤石矿(111b)+(122b)+(333)矿石量12 432 t,CaF$_2$量7 614 t;其中保有(122b)+(333)矿石量6 351 t,CaF$_2$量3 852 t	2008年	洛国土资储备字[2008]8号
30	河南省栾川县合峪镇庙湾村燕子坡萤石矿资源储量核实报告	洛阳市矿业发展中心	萤石矿(333)矿石量19.037 kt,CaF$_2$量9.006 kt,其中界内保有(122b)矿石量7.503 kt,CaF$_2$量3.595 kt,界内保有(122b)矿石量0.967 kt,CaF$_2$量0.400 kt,动用(111b)矿石量10.567 kt,CaF$_2$量5.011 kt	2009年	洛国土资储备字[2009]6号
31	河南省栾川县合峪镇砭上村草沟萤石矿资源储量核实报告	洛阳市矿业发展中心	萤石矿矿石量15.797 kt,CaF$_2$量6.166 kt,矿石量6.931 t。其中,采出(111b)矿石量3 149 t,保有(122b+333)矿石量3 995 t	2009年	洛国土资储备字[2009]6号
32	河南省栾川县合峪镇砭上两沟萤石矿资源储量核实报告	洛阳市矿业发展中心	萤石矿(333)矿石量29.159 kt,CaF$_2$量10.212 kt,其中界内保有(333)矿石量12.687 kt,CaF$_2$量3.975 kt,动用(111b)矿石量16.472 kt,CaF$_2$量6.237 kt	2009年	洛国土资储备字[2009]6号
33	河南省栾川县合峪镇阳山苇园沟萤石矿资源储量报告	洛阳市矿业发展中心	萤石矿(111b)+(333)矿石量22 696 t,CaF$_2$量7 592 t;其中采出(111b)矿石量11 350 t,CaF$_2$量3 720 t,保有(333)矿石量11 346 t,CaF$_2$量3 872 t	2009年	洛国土资储备字[2010]2号

1.2.2.3 地质科研成果

2013 年 1 月,河南省地质矿产勘查开发局第一地质矿产调查院提交了《洛阳市非金属矿产资源研究报告》。此报告系统收集了洛阳地区的地层、构造、岩浆岩等基础地质资料,研究了非金属矿产与区域地质之间的内在联系,总结了洛阳市非金属矿产的成矿区划、成矿系列、成矿规律,指出了下一步本区非金属矿产的找矿方向。通过对非金属矿产资源进行分类研究和资源特征分析,基本查明了洛阳地区的非金属矿产资源情况,为进一步开展非金属矿产勘查、开发与保护奠定了基础。对重要非金属矿产进行了典型矿床研究,初步建立了找矿模型,为寻找同类型矿床提供了借鉴。

2013 年河南省地质矿产勘查开发局第一地质矿产调查院结合《洛阳市非金属矿产资源研究》项目成果,正式出版了《洛阳市非金属矿产资源》专著。该著作从论证资源、开发资源的角度,以基础地质为手段,以管理学、矿床学为依据,以 25 处非金属典型矿床实例为支撑点,系统总结分析了洛阳市非金属矿的成矿地质背景、成矿条件、成矿规律、找矿方向及勘查开发利用前景,为及早查明洛阳市非金属矿产资源潜力、引导矿山企业的投资方向,充分利用现有矿山的生产系统来提高资源利用能力提供了依据,对促进当地经济持续、稳定、健康发展,产生巨大的社会效益。

2016 年,赵玉以栾川马丢萤石矿床为研究对象,重点研究了矿床地质特征和矿床地球化学特征,并对其矿床成因进行了探讨。萤石矿稀土元素含量较低,总体显示轻稀土富集,Eu 具有明显的负异常,成矿流体有较强的还原性;流体包裹体以气液包两相包裹体为主,均一温度集于 140~180 ℃,盐度集于 0.18%~2.07% NaCl eqv,密度集于 0.76~0.94 g/cm³,成矿深度 0.747~1.028 km。综合研究认为马丢萤石矿为低温热液裂隙充填脉状矿床。马丢萤石矿位于研究区西南 12 km 处,具有相似的成矿地质条件。

2017 年 3 月,邓红玲等在《中国非金属矿工业导刊》上发表了《豫西萤石矿产资源分布及开发利用现状分析》的研究成果。河南是我国萤石矿产分布的主要省份,矿产资源丰富。河南萤石主要分布在豫西地区——嵩县、栾川、汝阳等地。本文分析了豫西萤石矿产资源特征,认为豫西地区萤石矿主要为热液充填型矿床(单一型),仅少量为伴生型矿床;豫西已发现的萤石矿主要集中分布在合峪、太山庙花岗岩基的内外接触带,伏牛山花岗岩基北侧以及车村断裂带北侧。研究区位于合峪花岗岩基的内外接触带,成矿地质条件优越。

2017 年 7 月,河南省地质矿产勘查开发局第一地质矿产调查院提交了《豫西优势非金属矿产资源利用方向研究报告》。项目为河南省 2014 年"两权价款"地质科研项目。总结分析了近年来国内外、河南省非金属矿产的资源储量、分布特征、产量、进出口、矿产品供销等情况,系统归纳统计了豫西硅石、耐火黏土、灰岩、石墨、萤石、煤系高岭土 6 种优势非金属矿产资源情况及开发利用情况;重点调查具有代表性的典型矿区 11 处,结合国内外相关非金属矿种的加工工艺,进行对比研究及矿物学特征分析,确定出豫西优势非金属矿深加工技术及利用方向;提出了豫西地区优势非金属矿开发利用战略部署建议。项目对研究区内杨山萤石矿进行了矿床地质、矿体地质特征研究,初步探讨了矿床成因。

2017 年 9 月,邓红玲等在《中国非金属矿工业导刊》上发表了《河南省栾川县杨山萤石矿床地质特征及成因研究》的研究成果。杨山萤石矿赋存于合峪花岗岩基内,严格受控于构造破碎带,探明储量已达中型规模。本文通过矿床地质特征、围岩蚀变特征及成矿流体研究,认为杨山萤石矿应属构造充填的热液脉型萤石矿床。

2018年6月,席晓凤等在《中国矿业》上发表了《杨山萤石矿矿床地质特征及围岩稀土元素地球化学特征》的研究成果。通过对杨山萤石矿成矿地质背景、矿床地质、矿石特征及围岩稀土元素地球化学特征分析研究,发现杨山萤石矿围岩轻稀土相对富集,稀土元素总含量较高,配分曲线为相对较缓的右倾斜,Eu弱亏损,Ce无亏损,属于东秦岭改造型花岗岩,认为杨山萤石矿应为断裂带充填交代型矿床。

2020年3月,刘纪峰等在《矿物岩石》上发表了《豫西陈楼萤石矿床地质特征及Sm-Nd同位素年龄》研究成果。该文对陈楼萤石矿床地质特征进行了归纳总结,并测定萤石的Sm-Nd同位素等时线年龄,为矿床成矿年龄、物质来源的研究及进一步找矿提供依据。陈楼萤石矿床是典型的中-低温热液裂隙充填型矿床,矿体严格受构造带控制,F2、F3、F4、F5为其主要容矿构造;主矿体自上而下具上陡—中缓—下陡的趋势,矿体平均厚度为2.97 m,平均品位63.99%;矿石主要有块状、胶结状、条带状和玉髓萤石矿四种类型;围岩中常见硅化、高岭石化、绿泥石化、绢云母化等,且含矿构造自中心向两侧蚀变具有明显分带特征。测得萤石Sm-Nd同位素等时线年龄为(120±17)Ma,$^{143}Nd/^{144}Nd$初始比值为0.512 031±0.000 026,$\varepsilon Nd(t)$= -8.8,对比前人测得的太山庙岩体的SHRIMP锆石U-Pb年龄112～125 Ma,$^{143}Nd/^{144}Nd$初始比值为0.500 653～0.512 06,$\varepsilon Nd(t)$值= -16.1～-7.5,说明成矿作用发生在燕山晚期早白垩世,指示萤石成矿物质可能来源于地壳,且与太山庙岩体的成矿物质来源应一致或相近。

2020年4月,赵志强等在《矿产勘查》上发表了《河南陈楼萤石矿床M3-I矿体原生晕特征及深部找矿预测》研究成果。为探究河南陈楼萤石矿床M3-I矿体原生晕特征及深部成矿潜力,对矿体189件样品测试数据进行分析研究。结果表明,M3-I矿体有效的原生晕指示元素组合为F、Ca、Y、Ag、As、Sb、Mo、Ba、Ce;矿体原生晕轴向分带序列为Mo-Sb-Ca-F-Ag-Ce-As-Ba-Y,具明显的"反向分带"特征,矿体剥蚀系数具振动波状变化趋势,矿体向深部有较大延伸或存在盲矿体。本文建立了矿体原生晕叠加理想模型,在484 m中段至364 m中段存在一个矿体B的头部叠加在矿体A的下部,矿体B在334 m中段以下仍有较大延伸。

2020年10月,董文超等在《稀土》上发表了《河南嵩县车村萤石矿床稀土元素特征及地质意义》研究成果。本文通过对萤石样品稀土元素组合进行测试,研究发现,车村地区萤石矿的稀土元素地球化学研究发现萤石单矿物的稀土元素配分模式较为复杂。萤石单矿物总体具有较高的稀土元素总量,$\Sigma REE = 47.3×10^{-6}～119.1×10^{-6}$,$\delta Eu = 0.35～0.88$,呈中等负销异常,$\delta Ce = 0.90～1.37$,铈弱正异常。合峪花岗岩的稀土元素配分模式曲线略微右倾,稀土元素总量较高,$\Sigma REE = 17.1×10^{-6}～239.2×10^{-6}$,$\delta Eu = 0.32～1.95$,正、负销异常同时存在,$\delta Ce = 0.96～2.19$,正铈异常为主。萤石单矿物的Eu、Ce异常暗示车村萤石矿在形成过程中处于一个中低温、还原的成矿体系,萤石的形成经历了从相对高温向低温的演化过程。萤石Y/Ho比为12.98～42.20,呈明显的迁移分带特征,表明矿床形成过程中有大量的外源物质加入和成分交换,成矿流体对围岩发生了Ca的同化混染作用。结合成矿年代学,基本确定车村萤石矿与合峪花岗岩晚期的岩浆热液有关,矿床类型为中浅成中低温岩浆期后热液萤石矿床。

研究区经过长期的基础地质、矿产地质、物化探和科研等工作,积累了各种丰富的成果资料,为本次研究创造了良好的条件。特别是近年来我院先后编制了《洛阳市矿产资源规划》《豫西优势非金属矿产资源利用方向研究报告》,为开展项目奠定了坚实的基础。

1.2.3 存在的问题

栾川县庙湾—竹园萤石矿成矿带是豫西地区重要的萤石矿产地。近年来,赵玉(2016)、邓红玲等(2017)、席晓凤等(2018)对研究区内外的马丢、杨山、陈楼、康达等萤石矿床进行了相关研究,丰富了区内萤石矿床的研究,这些认识为本次研究提供了重要参考。但从研究区萤石矿床研究现状来看,前人系统研究还相对较少,主要是以以往的地质勘查工作为主;加上以往人们对萤石矿等非金属矿产的重视程度不够,导致对区内萤石矿的整体认识不足,主要表现在以下几个方面:

(1)针对栾川县庙湾—竹园萤石矿带的矿床地质特征、矿石元素地球化学特征、年代学特征、同位素特征、流体包裹体特征等方面,尚未做过系统的研究工作,这就制约了萤石成矿规律的认识和找矿方向的确定。

(2)区内萤石矿床分布集中,在宏观上矿床围绕合峪岩体内外接触带分布,微观上矿体受不同方向的构造控制。对区域地质背景与成矿的关系研究不深入,特别是矿床和构造、岩体之间的关系。

(3)前人对研究区相关资料系统研究程度低,未系统地总结成矿规律;未做过找矿预测和找矿方向等方面的工作。

因此,对研究区内萤石矿的成矿地质特征、成矿物质来源和成矿规律进行系统的研究具有非常重要的理论意义和实践价值。本次研究旨在通过栾川县庙湾—竹园萤石矿成矿规律与找矿方向的研究,为矿产勘查提供理论支持,也为促进区域经济发展服务。

1.3 本书研究内容、手段及研究方法

1.3.1 研究内容及思路

针对河南省栾川地区萤石矿床研究工作中,尤其是地球化学、成矿年代学、成矿规律与矿床成因等方面存在的薄弱环节,本研究在系统收集、整理、总结研究区已有地质勘查、矿山开采和勘探及科研成果的基础上,深化对区内萤石矿成矿规律的认识,通过对比、总结研究区内萤石矿中深部的矿带特征、矿体特征、矿石结构构造、围岩蚀变等向深部延伸变化特征,总结成矿要素,在此基础上进行典型矿床(杨山、砭上两个不同产出部位的萤石矿区)成矿学研究,确定成因类型,建立找矿模型,指出找矿方向。

围绕本项目研究目标和主要研究内容,本次研究工作从以下3个方面开展专题研究:

(1)区域成矿地质条件专题研究。分析萤石矿在时空域内的赋存及分布规律,研究各成矿要素与成矿之间的关系。

(2)典型矿床专题研究。通过典型矿床解剖,开展成矿学研究,确定矿床成因类型。

（3）成矿预测专题研究。梳理成矿预测要素,建立预测找矿模型,开展定位预测,圈出找矿靶区,指导区域地质找矿工作。

1.3.2　技术路线

系统收集及分析研究区及所在地区前人已有的地质、科研等资料,特别是矿山多年的探矿生产资料,从中发掘有用信息。通过运用地质学、岩石学、矿物学、矿床学、地球化学、流体包裹体地质学、同位素地质学和成矿预测学等理论和技术方法,充分利用已有相关文献和相关地质报告等资料,对地表、坑道及近年来勘查实施的钻探资料等进行全面细致的研究,在野外系统调查采样后进行室内分析,从薄片鉴定、元素地球化学研究、成矿流体地球化学研究和同位素地球化学研究等方面着手,深入探讨成矿流体来源、成矿物质来源和成矿时代的厘定。在综合分析研究区成矿地质特征和成矿物质来源的基础上,探讨研究区的成矿规律。归纳总结后进行矿体趋势预测并指出找矿方向,从而直接应用到实际生产中,为今后萤石矿的找矿与勘探提供重要的基础地质资料和理论指导。具体技术研究路线如图 1-2 所示。

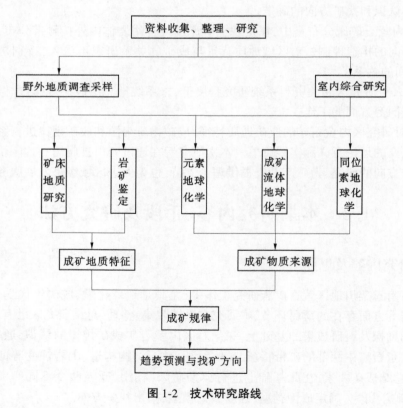

图 1-2　技术研究路线

1.3.3　研究方法及手段

调查研究方法及手段的选择以行之有效、经济实用为原则,从各矿山以往各种资料的收集分析研究入手,在充分尊重客观实际的前提下,以新的地质成矿、预测理论作指导,选择杨山、砬上等代表性矿床重点研究,采用地质观察为基础,以岩矿石薄片鉴定、岩石主量元素分析、微量元素分析、稀土元素分析、同位素测试分析、流体包裹体分析、年代学分析、趋势预测方法、计算机技术等多学科、多方法、多手段综合研究方法,综合分析研究区的成矿地质特征和成矿物质来源,探讨研究区的成矿规律,进行成矿预测并指出找矿方向,从而直接应用到实际生产中,为今后区域萤石矿的找矿与勘探提供重要的基础地质资料和理论指导。围绕本项目研究目标任务,本次研究工作从以下3个方面开展专题研究。

1.3.3.1　区域成矿地质条件专题研究

收集、整理栾川县庙湾—竹园萤石成矿带内已知矿床(杨山、砬上、燕子坡、俩沟、草沟、千佛岭等萤石矿)的勘查和开采成果资料,通过对区域含矿建造、岩浆岩、矿区构造的研究,分析萤石矿在研究区时空域内的赋存及分布规律。

(1)系统调查区内主要构造的分布特征及其与成矿的关系。对区内控矿断裂产状、形态、规模及其对控矿作用进行研究,为中深部成矿预测提供依据。在分析矿区勘探资料的基础上,研究矿床尺度的构造分枝、复合、转折情况。

(2)充分收集前人对区域岩浆岩,特别是与成矿相关的花岗岩类研究资料。主要对区内花岗岩类的岩石学、岩石地球化学、稀土元素及成矿元素含量、成岩年龄、稳定同位素组成等进行综合分析研究,了解其形成环境、成因及演化历史;与区内典型矿床的成矿年龄、稀土微量及同位素数据进行对比分析,探讨区内花岗岩类与成矿的关系。

1.3.3.2　典型矿床及成矿规律专题研究

选择杨山、砬上(两个不同产出部位的萤石矿)为典型矿床,通过重点解剖,开展成矿学研究,研究其地质特征、矿体特征、矿石物质组成、矿石类型、成矿物理化学条件、围岩蚀变,稀土微量、稳定同位素等矿床地球化学特征,结合成矿年代学特征,总结成矿作用、成矿规律,为成矿预测提供依据。

(1)在充分收集、分析典型矿床中深部探矿地质成果资料的基础上,对矿床内地层、构造、岩浆岩进行剖析;对含矿构造带进行中深部调查,研究含矿构造蚀变带的规模、形态、产状、矿石物质组分、矿化特征,以及围岩蚀变类型、规模、矿化与蚀变作用的关系。

(2)对区内典型矿区地层、岩体、矿石主量元素、微量元素、稀土元素特征进行对比研究,确定成矿物质来源;对研究区矿体中的矿石、近矿围岩中的萤石脉流体包裹体测试分析,借助爆裂法、均一法测试其成矿流体温度,研究其成矿流体特征,判断成矿物理-化学条件。采集萤石、石英进行 H-O 同位素测试,探讨成矿流体来源。

(3)目前,测定萤石矿成矿年龄的方法可以归纳为:①运用 Sm-Nd 法(俞国华,1986;聂凤军等,2002;邹灝,2013)、萤石裂变径迹法(俞国华,1986;李长江等,1989;张良旭,1990)和萤石(U-Th)/He 法(Pi et al.,2005)直接测定萤石矿物的成矿年龄;②利用电子自旋共振(ESR)法(曹华文等,2013;邹灝等,2016)、石英裂变径迹法(韩文彬等,1991)和 K-Ar 法(李长江等,1989;徐旃章等,1995)测定伴生矿物的形成年龄,进而推断萤石矿的成矿年龄。其中,Sm-Nd 同位素体系有较强的抗风化能力及抗蚀变能力,易于保持封闭,是一种有效的测试方法(彭建堂等,2003),被国内外众多学者广泛应用。本次研究工作采集萤石 Sm-Nd 同位素年龄测试样品并测试,解决其成矿年代问题;结合地层、岩体年龄数据,以及矿床流体包裹体特征等、同位素地球化学特征等、稀土微量元素特征等,探讨其成矿作用,总结其成矿规律。

1.3.3.3 成矿预测专题研究

本次中深部预测研究工作以找矿预测理论、结合 GIS 技术的趋势外推预测方法作为指导,深度剖析和总结成矿规律,建立成矿模型,开展成矿预测,确立找矿方向。

(1)收集研究区内已有地质、物化探、遥感等多源成矿信息资料,进行总结研究,梳理成矿预测要素,建立萤石矿综合信息找矿模型,进行中深部矿体预测。

(2)基于 GIS 进行成矿预测研究已有很多学者(曾佐勋等,2001;高景刚等,2002;付海涛等,2005;夏既胜等,2006;杨茂森等,2006;张伟等,2010;汪江河等,2015)进行了研究,具有很强的实用性。利用数学地质理论和计算机 GIS 技术,重点对杨山、砭上萤石矿床主矿体地表、中深部和井下的地质数据进行统计,建立数学模型,从中发现隐藏的找矿信息。采用 MAPGIS 软件,利用其 DTM 空间分析功能,对杨山、砭上进行深部矿体趋势预测。通过趋势分析,绘制矿体厚度品位纵断面图,得出矿化段在走向和倾向上的变化规律。根据矿化变化规律,预测含矿构造带深部矿化富集带,圈定矿区深部勘查选区,进行中深部矿体资源定量预测,以指导矿区资源潜力评价。

1.4 完成的主要工作量

一年多来,在全面收集研究区内地质勘查和研究成果的基础上,开展了杨山、砭上萤石矿床的调查研究,并进行了相关测试样品的采集及测试分析。完成典型矿床调查 2 处;完成岩矿鉴定样 30 件,鉴定由河北省区域地质矿产调查研究所实验室承担;主量元素分析样 30 件、微量元素分析样 30 件、稀土元素分析样 30 件,测试由河南省地矿局第一地质矿产调查院实验室承担;氢、氧同位素分析样 10 件,流体包裹体成分测试样 20 件、流体包裹体测温样 19 件,测试由核工业北京地质研究院承担;锶同位素分析样 10 件、萤石 Sm—Nd 同位素年龄测试样 12 件,测试由中国地质调查局天津地质调查中心承担;在国内核心期刊正式发表论文 2 篇(见表 1-3)。

表 1-3 项目设计及完成主要实物工作量一览表

项目	单位	设计工作量	完成工作量	完成率/%
典型矿床调查	处	2	2	100
岩矿鉴定样	件	30	30	100
主量元素分析样	件	30	30	100
微量元素分析样	件	30	30	100
稀土元素分析样	件	30	30	100
氢、氧同位素分析样	件	10	10	100
流体包裹体成分测试样	件	20	20	100
流体包裹体测温样	件	20	19	95

续表 1-3

项目	单位	设计工作量	完成工作量	完成率/%
锶同位素分析样	件	10	10	100
萤石 Sm-Nd 同位素年龄测试样	件	12	12	100
发表论文	篇	1	2	200

1.5 主要成果与创新点

1.5.1 主要成果

(1) 通过区域成矿地质条件分析和对杨山、砭上矿典型萤石矿床解剖,总结了区域萤石矿成矿规律,梳理出构造蚀变带、围岩(矿化)蚀变、地球化学异常及花岗岩体内外接触带的正负地形地貌为本区重要的找矿标志。

(2) 通过岩、矿石的主量、微量、稀土元素研究,表明萤石矿床显示出热液脉状矿床特征;成矿物质来源以深部幔源物质为主,混入了部分岩体和熊耳群的成矿物质,后期大气降水混入特征明显;萤石矿沉淀时为温度较低的还原环境,具有一致的富 F 流体来源,与花岗岩的侵入关系密切,具有重结晶演化趋势。通过流体包裹体和 H-O 同位素特征研究,表明成矿流体是一种低温、低盐度、低密度的 $NaCl-H_2O$ 流体体系,以大气降水和岩浆混合流体为主。区内萤石矿床属浅成中低温岩浆期后热液型萤石矿床。

(3) 通过梳理成矿预测要素,基于 MRAS 软件空间分析功能,应用证据权重法,开展萤石矿找矿靶区预测,圈定区域找矿靶区 16 个,其中 A 级预测靶区 6 个,B、C 级预测靶区各 5 个,为下一步区域找矿部署指明了方向。

(4) 对杨山、砭上典型矿床(脉),采用趋势外推法对中深部进行定位定量预测,在主要矿脉圈定深部预测区 2 处,预测萤石(CaF_2 矿物)潜在矿产资源 232 万 t,认为杨山萤石矿床 304~407 线 700 m 标高以深、砭上萤石矿床 311~306 线 500 m 标高以深具有较大的找矿潜力,对矿区进一步勘查工作部署具有指导意义。

(5) 在国内中文核心期刊正式发表论文 2 篇。

1.5.2 主要创新点

(1) 系统地开展了岩、矿石的主量、微量、稀土元素,H、O 稳定同位素,流体包裹体等特征研究,为区域萤石元素地球化学特征、成矿物质来源、成矿流体物理化学条件研究提供了新资料。

(2) 基于地质、物化探、遥感等多源成矿信息,分析了典型矿床的地质特征和成因模式,总结了区域成矿规律,建立了萤石矿综合信息找矿模型。

(3) 首次采用萤石矿综合信息找矿模型,优选确定 5 个预测变量(燕山期侵入岩建造、断裂构造、含 F 化探综合异常、遥感解译断裂和矿点),应用证据权重法,基于 MRAS

软件,对栾川县庙湾—竹园萤石成矿区进行区域找矿靶区预测,圈定 16 个区域找矿靶区,其中 A 预测靶区 6 个,B、C 级预测靶区各 5 个。

(4)在资源总量预测及区域找矿靶区预测的基础上,重点选择杨山 F3-Ⅲ、砭上 F3-Ⅲ等主要矿脉进行中深部定位定量预测,圈定深部预测区 2 处,预测潜在矿产资源 232 万 t,综合分析认为杨山萤石矿床 304~407 线 700 m 标高以深、砭上萤石矿床 311~306 线 500m 标高以深找矿潜力较大。

1.6　项目组人员及承担任务

本项目由刘耀文(教授级高级工程师)、冯绍平(高级工程师)担任项目负责人,汪江河(教授级高级工程师)为总技术负责人,院抽调精干技术人员组成项目组,并列入院重点项目进行管理。根据项目目标任务、工作周期及自然地理条件,本项目分解设立 3 个科研组,即矿床研究、成矿规律研究和找矿方向研究组;项目组另外聘科研专家顾问 1 人、临时雇用民工若干人,组成不同结构的技术人员工作研究梯队。项目由刘耀文总负责,野外地质调查由刘耀文、冯绍平负责,冯绍平、刘耀文、颜正信等负责基础研究;冯绍平、张苏坤、梁新辉、王辉、王哲等负责典型矿床研究;冯绍平、张苏坤、王辉、王哲、常嘉毅等负责成矿规律研究;冯绍平、张苏坤、梁新辉等负责找矿方向研究;黄岚、张怡静、程蓓蕾等负责综合信息处理。

2 区域地质背景

研究区地处华北板块南缘与北秦岭造山带交接部位(见图 2-1),地质构造复杂,岩浆活动强烈,断裂构造发育,具长期复杂的构造演化历史,北临马超营断裂,南近黑沟—栾川大断裂,位于Ⅱ级大地构造单元中的熊耳隆起区与洛南—栾川褶皱带的交接部位上(见图 2-2)。

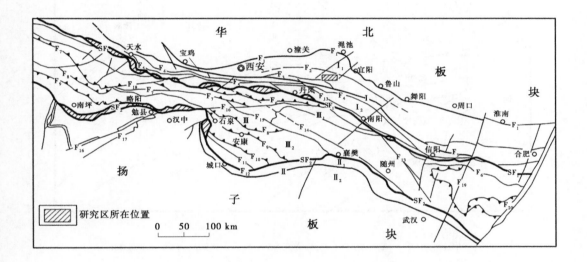

I—华北板块南部;I₁—秦岭造山带后陆逆冲断褶带;I₂—北秦岭厚皮叠瓦带逆冲构造带;Ⅱ—扬子板块北缘;

Ⅱ₁—秦岭造山带前陆逆冲断褶带;Ⅱ₂—巴山—大别南缘巨型推覆前锋逆冲带;Ⅲ—秦岭微板块;

Ⅲ₁—南秦岭北部晚古生代裂陷带;Ⅲ₂—南秦岭南部晚古生代隆升带;SF₁—商丹缝合带;SF₂—勉略缝合带;

F₁—秦岭北界逆冲断层;F₂—马超营逆冲断层;F₃—洛南—栾川逆冲推覆断层;F₄—皇台瓦穴子推覆带;

F₅—商县—夏馆逆冲断层;F₆—山阳凤镇逆冲推覆带;F₇—十堰断层;F₈—石泉—安康逆冲断层;

F₉—红椿坝—平利断层;F₁₀—阳平—巴山弧—大别南缘逆冲推覆带;F₁₁—龙门山逆冲推覆带;F₁₂—华蓥山逆冲推覆带。

图 2-1 秦岭造山带构造纲要图 (据张国伟等,2001)

据张国伟等(2001)研究,三门峡—鲁山断裂至栾川断裂之间为北秦岭造山带后陆逆冲断褶带,多数研究者也称为华北板块南缘变形带;栾川断裂至商丹断裂之间为北秦岭厚皮叠瓦状逆冲构造带,又称为北秦岭构造带。华北板块在地壳结构上具有基底和盖层双层结构特点,基底变质较深,变形较复杂,盖层虽亦具较强烈变形但变质轻微;北秦岭造山带变质变形复杂,在地壳结构上则不具有双层结构,呈现为被区域断裂分割的一个个相对

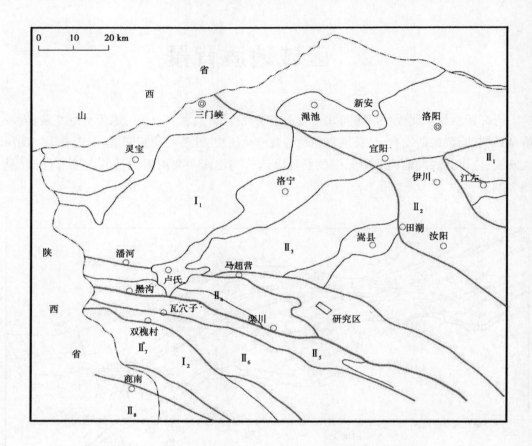

I₁—华北陆块；I₂—秦岭造山带；II₁—嵩箕古陆；II₂—渑临凹陷；II₃—华熊隆起区；

II₄—洛南—栾川褶皱带；II₅—北秦岭中元古造山带；II₆—北秦岭加里东造山带；

II₇—北秦岭早加里东造山带；II₈—秦岭华力西造山带。

图 2-2　豫西大地构造区划图

独立且变形复杂的构造单元。

　　区域出露地层具有明显的基底和盖层组成的二元结构：基底由新太古界太华岩群及古元古代变质变形侵入岩共同组成；盖层主要有中元古界熊耳群中酸–中基性火山岩系、官道口群，新元古界栾川群碎屑岩–碳酸盐岩系及新生界第四系。区内地质构造复杂，断裂构造发育，具有长期复杂的构造演化历史，呈现出多层次、多样式、多机制、多阶段复杂构造变形的特点，北西、北东向断裂互相交切，构成区内复杂的地质构造格局。复杂的大地构造活动，导致了区内的多期次、多种岩性组合和多种方式的岩浆活动，具有良好的成矿地质条件。区内断裂构造为岩浆期后的萤石矿化提供了充足贮矿构造，该区萤石矿产资源丰富（见图 2-3）。

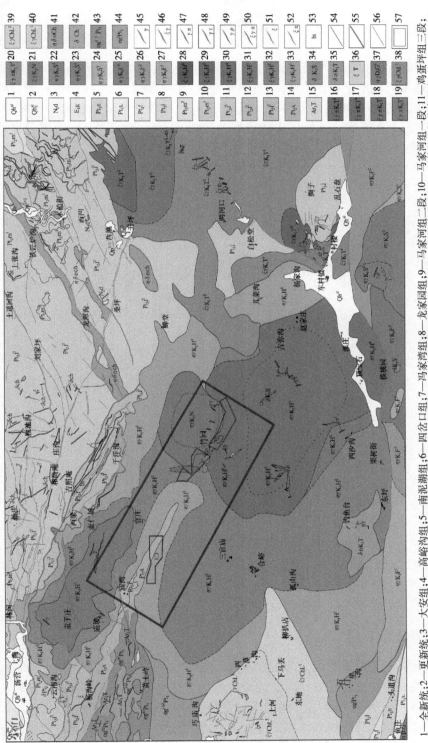

图 2-3 研究区区域地质图

1—全新统;2—更新统;3—大安组;4—高岭沟组;5—南泥湖组;6—四岔口组;7—冯家湾组;8—龙家河组二段;9—马家河组一段;10—马家河组二段;11—鸡蛋坪组三段;12—鸡蛋坪组二段;13—鸡蛋坪组一段;14—许山组;15—太华岩群;16—正长花岗斑岩;17—多斑状正长花岗斑岩;18—不等粒正长花岗斑岩;19—中斑状细粒黑云母二长花岗岩;20—中粒黑云母二长花岗岩;21—中斑状粗粒黑云母二长花岗岩;22—细粒黑云母二长花岗岩;23—中粗粒正长花岗岩;24—大斑状中粗粒黑云母二长花岗岩;25—片麻状大斑状粗粒黑云母二长花岗岩;26—片麻状中粒黑云母二长花岗岩;27—片麻状含小斑状中粒黑云母二长花岗岩;28—细粒黑云母二长花岗岩;29—细粒黑云母二长花岗岩;30—含中斑中粒黑云母二长花岗岩;31—含中斑二长花岗岩;黑云母二长花岗岩;32—片麻状含小斑状中粒黑云母二长花岗岩;33—大斑状中粗粒黑云母二长花岗岩;34—细粒石英闪长岩;35—细粒闪长岩;36—三叠纪细粒黑云母二长花岗岩;37—片麻状中粒黑云母二长花岗岩;38—上庙岩体;39—粗粒钠铁闪石正长岩;40—细粒正长岩;41—细粒细粒正长岩;42—细粒闪长岩;43—龙王嶂岩体;44—英云闪长岩;45—云母石质片麻岩;46—正长花岗岩岩脉;47—花岗细晶岩脉;48—花岗细晶岩脉;49—花岗闪长斑岩脉;50—正长花岗斑岩脉;51—正长花岗斑岩脉;52—正长花岗斑岩脉;53—沉凝灰岩;54—英云闪长岩;55—区域界线;56—一般性断裂;57—研究区。

2.1 区域地层

研究区处于华北板块和北秦岭造山带两个Ⅰ级大地构造单元的衔接部位。石毅等(1986)按照各构造单元内地层发育情况,构造组合特征、生物面貌、构造运动和岩浆活动等因素综合考虑,以黑沟—栾川断裂带为界,划分为豫西地层分区与北秦岭地层分区,五个地层小区。研究区总体属华北地层区豫西地层分区熊耳小区(见图2-4),地层发育较齐全。

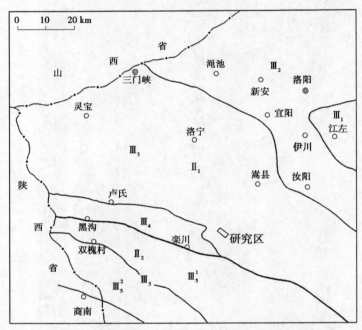

Ⅱ₁—华北地层区豫西分区;Ⅱ₂—秦岭地层区北秦岭分区;Ⅲ₁—嵩箕小区;Ⅲ₂—渑确小区;
Ⅲ₃—熊耳小区;Ⅲ₄—栾(川)薄(山)小区;Ⅲ₅—西峡南召小区;Ⅲ₅¹—北区;Ⅲ₅²—南区。

图2-4 豫西地层区划图

区域地层具有明显的基底和盖层组成的二元结构,基底地层由新太古界太华岩群及古元古代变形变质侵入体构成,其上盖层为中-新元古代地层。在印支期开始形成的断陷带基础上,进一步发展为新生代断陷盆地沉积。

2.1.1 新太古界太华岩群

研究区太华岩群,主要分布于西北部小宋西沟—瓦房沟一带,为区内最古老的岩石地层单位,与古元古代变质变形侵入岩共同组成豫西地层分区基底。由于古元古代变质变形侵入体的吞噬,呈大小不等、形态各异的捕房体或残留体存在,横向上不连续,多数与岩体界线模糊,且片理与岩体片麻理基本一致,横向上岩性变化较大。由于古元古代变质变形侵入体吞噬,常呈大小不等、形态各异的捕房体产出,横向上不连续,多数与岩体界线模糊,且片理与岩体片麻理基本一致,横向上岩性变化较大,岩性主要为黑云斜长片岩、绢云石英片岩、斜长角闪片岩及含石墨绿泥绢云片岩等,未见顶底,是石墨矿的赋存层位。在栾川县平良河一带,出露一套含石墨矿变质岩系,岩性主要为绢云石英片岩、石墨石榴石英变粒岩、石墨石榴夕线石变粒岩、含石墨长英质变粒岩、石墨绿泥绢云片岩、石榴石墨黑云片岩含石墨石榴绢云石英片岩、含石墨绢云石英黝帘石变粒岩等,片褶厚约246 m。其中发育有石墨矿床。

该岩群为一套经历了深层次塑性流动变形、变质程度达高角闪岩相的变质岩系,且普遍含石墨是该岩群的典型特征。区域内该套地层原岩为一套含炭泥砂质碎屑岩—中基性火山岩—钙镁质碳酸盐岩组合,根据野外产状及邻区岩石地球化学特征,区内角闪质岩石主要呈夹层出现,部分地段厚度较大,原岩主要为中基性火山岩,少部分可能为基性岩墙。黑云斜长片麻岩、绢云石英片岩、绢云千枚状片岩、黑云石英片岩、黑云母片岩、绢英岩等主要为泥质碎屑岩。

根据岩石组合、变质变形特征、原岩建造等特征,区内太华岩群大致可与鲁山背孜一带的水底沟岩组进行对比,均为含石墨变质岩系。区内太华岩群出露零星,多呈捕虏体出露,区域上被中元古界熊耳群角度不整合覆盖,被古元古代片麻状花岗岩类[河南省地质调查院,2016,片麻状中细粒二长花岗岩锆石 U-Pb 年龄(1 912±9)Ma]及中元古代龙王幢正长花岗岩[河南省地质调查院,2009,锆石 U-Pb 年龄(1 616±49)Ma]侵入;洛宁南部太华岩群斜长角闪岩 Pb-Pb 年龄为(2 675±2)Ma(倪志辉等,2003),根据中国区域年代地层表(全国地层委员会,2002),将该套地层时代划归古元古代。

2.1.2　元古宇

2.1.2.1　中元古界(Pt$_2$)

中元古界由上、下两套地层组成。下部地层为熊耳群,归长城系;上部地层为官道口群,归蓟县系。

1. 长城系熊耳群

熊耳群主要分布于区域北部赵家岭—木植街及以南一带,北西部大东沟—杨长沟—庙湾一带,零星见于白松堂、绸子等地。区域北西部与太古代及古元古代变质变形侵入岩为断层接触(见图 2-5);北东部被早白垩世二长花岗岩和正长花岗岩侵入,被古近系高峪沟组(E$_1$g)、新近系大安组(N$_2$d)角度不整合覆盖。熊耳群总体近北西西向展布,为一套中基性–中酸性火山岩。区内熊耳群地层出露不全,缺失大古石组,自下而上划分为许山组(Pt$_2$x)、鸡蛋坪组(Pt$_2$j)和马家河组(Pt$_2$m),从南西到北东,层位逐渐变新。

许山组(Pt$_2$x):区内仅出露于栾川千佛岭—庙湾—杨沟岭一带,呈北西西向带状展布,下部与太华岩群及古元古代变质变形侵入岩为断层接触(见图 2-6),上部与鸡蛋坪组斑状流纹岩为整合接触。其下部岩性主要为灰色、深灰色大斑安山岩及杏仁状安山岩,夹灰绿色安山岩,下部斜长石斑晶普遍较大,一般 1～2 cm,含量 10%～15%,杏仁一般呈椭圆状,一般 1～5 mm,部分 5～10 mm,分布不均匀,含量一般 5%～10%;上部岩性主要为灰绿色杏仁状安山岩、褐黄色安山岩夹灰绿色斑状安山岩,斜长石斑晶相对较小,一般 1～5 mm,个别 5～10 mm,含量 5%～10%。在遥感影像图上呈带状分布,色调为灰紫色、棕黄色,亮度中等,有阴影,爪状、斑块状影纹,树枝状水系,地貌为中高山区,山脊弯曲尖棱。该组为一套中基性-偏中性火山熔岩建造,以发育大斑安山岩为特征,沉积夹层不发育,未见枕状构造等水下喷发特征,安山岩中发育气孔-杏仁状构造,具定向带状分布及下小上大特点,表明该套地层的层序正常,为喷发溢流相,形成于陆相喷发环境,可与鸡蛋坪组二段及马家河组区别。中国科学院地质研究所在舞阳许山组安山岩全岩测得 Rb-Sr 等时年龄为 1 675 Ma。

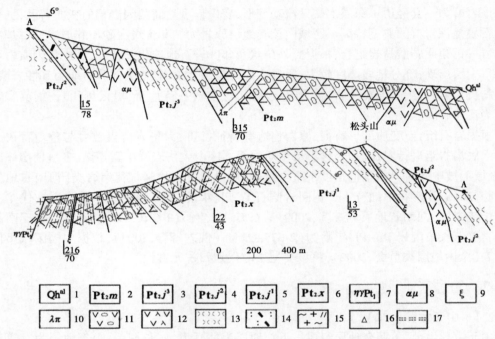

1—全新统冲积物;2—马家河组;3—鸡蛋坪组一段;4—鸡蛋坪组二段;5—鸡蛋坪组三段;6—许山组;
7—古元古代变质变形侵入岩;8—安山玢岩脉;9—正长岩脉;10—花岗斑岩脉;11—杏仁状安山岩;
12—安山玢岩;13—流纹岩;14—晶屑凝灰岩;15—片麻状细粒二长花岗岩;16—碎裂岩化;17—片理化。

图 2-5 潭头镇杨沟—松头山—云南沟熊耳群实测地层剖面图
(据河南省地质调查院,2016 年,略修改)

鸡蛋坪组(Pt$_2$j):区内分布范围较广,主要分布于北部水鹿塘—木植街一带,与下伏许山组及上覆马家河组均为整合接触,局部被新近系大安组角度不整合覆盖。根据岩石组合大致可分为 3 个岩性段,一段以酸性火山岩出现作为本段开始,岩性主要为紫红色、灰色斑状流纹岩及灰色斑状英安岩,在遥感影像图上呈带状分布,色调为灰紫色,亮度中等,有阴影,斑块状影纹,树枝状水系,山脊弯曲尖棱;二段以中性火山岩出现作为本段开始,岩性主要为深灰色杏仁状安山岩夹斑状杏仁状安山岩夹流纹岩、英安岩等,在遥感影像图上呈带状分布,色调为灰紫色,亮度中等,斑杂状影纹,树枝状水系;三段以中性火山岩结束、酸性火山岩大量出现作为本段开始,大面积分布在赵家岭—木植街一带,岩性主要为紫红色、灰色斑状流纹岩,少量灰色斑状英安岩,在遥感影像图上呈带状、面状分布,色调为灰紫色、黄褐色,亮度中等,有阴影,斑杂状影纹,树枝状水系,发育北西及北东向线状影纹,地貌为中高山。在北西部松头山—云南沟一带,鸡蛋坪组一段底部为浅灰色英安

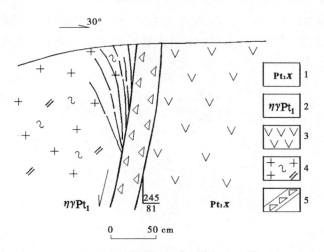

1—许山组；2—古元代二长花岗岩；3—安山岩；4—片麻状细粒二长花岗岩；5—断层。

图 2-6　杨沟岭南许山组与古元代二长花岗岩断层接触关系素描图

（据河南省地质调查院，2016 年，略修改）

岩，上部主要为灰紫色斑状流纹岩与石泡的流纹岩构成韵律层，韵律层顶部约 1 m 为石泡流纹岩；二段以出现杏仁状安山岩作为本段开始，主要为深灰色杏仁状安山岩、块状安山岩夹流纹岩等；三段以大量出现斑状流纹岩作为本段开始，主要为紫灰色斑状流纹岩。在区内北部吉照庵—和尚庵一带，一段下部为灰色斑状英安岩，上部主要为斑状流纹岩，局部为流纹质含集块角砾熔岩，近顶部为凝灰质粉砂岩~细砂岩组成韵律层；二段岩性为杏仁状斑状安山岩、杏仁状安山岩、斑状安山岩，马超营断裂北侧岩性为黑灰色沉凝灰岩、杏仁状斑状安山岩、杏仁状安山岩；三段岩性主要为一套灰色调斑状英安岩，自下而上呈现酸-中-酸性活动特征。鸡蛋坪组为一套以中酸性、酸性熔岩为主夹中性熔岩及火山碎屑岩的岩石组合，沉积夹层不发育，鸡蛋坪组三段喷发单层发育，下部一般为块状构造，顶部常具石泡构造，部分地段可见少量沉凝灰岩夹层，在鸡蛋坪组二段安山岩中未见枕状构造等水下喷发特征，说明该组主要形成于陆相火山喷发环境，局部伴随有河湖相沉积作用。赵太平等（2001）在鲁山坐坡岭鸡蛋坪组流纹岩中获锆石 SHRIMP 年龄 1 800 Ma。

马家河组（Pt_2m）：主要分布在西北部板道沟—云南沟一带、北部木植街—半坡一带，与下伏鸡蛋坪组为整合接触，二者界面总体上起伏不平，局部可见马家河组沉凝灰岩沿风化裂隙贯入，并可见分枝现象，表明具一定的沉积间断（见图 2-7），与鸡蛋坪组分界为标志，以鸡蛋坪组酸性熔岩结束，中性熔岩大量出现为马家河组开始，以沉积夹层发育为该组典型特征。在遥感影像图上呈面状分布，色调为灰紫色、褐黄色，亮度中等，斑块状影纹，树枝状水系，山脊弯曲尖棱，该组沉积夹层在横向上变化较大，从西向东，沉积夹层逐渐增多，且夹层厚度逐渐变大，该组底部发育一套较稳定的沉凝灰岩、硅质岩，部分地段相变为灰岩。马家河组为以中性熔岩为主，夹酸性熔岩、火山碎屑岩及正常沉积碎屑岩，该组中沉凝灰岩、凝灰质砂岩等沉积夹层极其发育，其水平层理清楚。该组为典型的水下形成环境，可能为浅海或滨海相喷发环境，根据安山岩中气孔中杏仁状具定向带状分布及下小上大特点，具面状溢流的特征，应为陆相喷发。综合以上特征，马家河组应为海陆交互相喷发环境。该组中沉凝灰岩从西向东厚度差别巨大,区内西北部云南沟一带沉凝灰岩夹层极少,而到木植街一带夹层薄而多。赵太平等(2001)在嵩县陆浑水库马家河组获锆石 LP-ICPMS 年龄为 1 759~1 761 Ma。

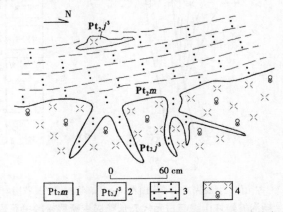

1—马家河组;2—鸡蛋坪组三段;3—沉凝灰岩;4—石泡流纹岩石。

图 2-7 朱茅坪北马家河组与鸡蛋坪组三段接触关系示意图

(据河南省地质调查院,2016 年,略修改)

2. 蓟县系官道口群

官道口群主要分布于西南部庙子后咸池—二道沟一带,位于栾川断裂带北侧,由于断层破坏,呈断块分布,出露不全,仅出露龙家园组及冯家湾组,二者为断层接触。

龙家园组(Pt_2l):分布于区域西南部栾川断裂带附近。为一套浅海相沉积的镁质碳酸盐岩组合,岩性单调,横向上岩性变化不大,其岩性主要为白色、肉红色硅质条带白云石大理岩及石英白云石大理岩,底部为石英砂岩,含砂白云岩,局部夹薄层砾岩。岩石以发育硅质条带为特征,硅质条带分布不均匀,上部硅质条带较稀疏,条带宽 1~4 mm,含量 5%~10%,中下部硅质条带密集,条带宽 3~5 cm,含量 20%~40%,在断层带附近岩石透闪石化发育。上龙家园组以发育平直燧石条纹条带、含丰富的叠层石为典型特征,为潮下—潮间带沉积环境。

冯家湾组(Pt_2f):下部为淡紫红色薄层泥质白云岩,上部为砖红色燧石条带白云岩及同生角砾状白云岩。冯家湾组为一套碳酸盐岩沉积建造,岩性较单调,为潮上—潮间带和潮下—潮间带沉积环境。

2.1.2.2 新元古界(Pt_3)

1. 宽坪岩群

宽坪岩群主要分布于黑沟—栾川断裂带以南,区内出露不全,仅出露四岔口岩组(Pt_3s),总体呈近东西向带状展布。南部被早白垩世斑状花岗岩侵入,北部与栾川群为断层接触。区内主要分布于栾川庙子以南一带。四岔口岩组岩性主要为黑云石英片岩夹薄层石英岩、斜长角闪片岩及大理岩等,原岩主要为复理石杂砂岩,夹基性火山岩和少量碳酸盐岩,为一套碎屑岩和基性火山岩构造,其沉积环境为滨浅海相,期间伴随有间歇性的火山喷发作用。在庙子镇石窑沟一带下部为云母石英片岩夹绿片岩、钙质片岩、石英岩的组合;中部为一套云母石英片岩组合;上部为深灰色黑云石英片岩与灰白色厚层状细粒石英岩、灰白色中层状透闪石大理岩互层的组合(云母石英片岩与石英岩、透闪石大理岩、斜长角闪片岩韵律互层的组合)。其中,黑云石英片岩以发育灰白色长英质脉体为四岔口岩组的典型特征(见图2-8)。

(a)黑云石英片岩中的分异脉体外貌 　　　(b)黑云石英片岩中的脉体变形特征

图 2-8　四岔口岩组黑云石英片岩中的分异脉体外貌及脉体变形特征

(据河南省地质调查院,2016年)

2. 栾川群

区内栾川群仅分布于庙子—百炉沟一带,栾川断裂带北侧,呈断块出露,近东西向展布,北侧与下伏官道口群断层接触,南侧与宽坪群四岔口岩组为断层接触。根据岩石组合、沉积建造,自下而上划分为南泥湖组、煤窑沟组、大红口组、鱼库组,区内出露不全,仅出露南泥湖组($Pt_3 n$),分布于庙子后咸池一带,栾川断裂带北侧,呈断块出露。下部为细粒石英岩,中部为二云片岩、黑云绢云千枚岩、碳质绢云片岩夹薄层石英岩;上部为深灰色条带黑云母大理岩和细粒大理岩,厚约600 m。南泥湖组主要为一套浅变质碎屑岩—碳酸盐岩沉积建造,该组中部的石英岩厚度约150 m,分布稳定,显示了较为典型的纯净石英砂质海岸带及亚浅海环境。从下向上总体上为一套浅变质碎屑岩—碳酸盐岩建造,构成由粗变细的海进序列,属浅海陆架—潮下带沉积环境。

2.1.3　新生界

根据岩性特征和古生物组合,区域内新生界出露有古近系高峪沟组、新近系大安组和第四系,主要分布于潭头盆地、河流两侧及山前斜坡地带。

2.1.3.1　古近系高峪沟组

区内古近系仅出露高峪沟组,分布在西北部凤凰台—杨岭一带的潭头盆地中(见图2-9),呈近东西向展布,主要为一套砂砾岩系,根据其岩性组合,大致可分为上、下两个岩性段,其中一段岩性为紫红色~灰紫色砂质、粉砂质泥岩与含砾粗砂岩、砂质砾岩互层,在遥感影像图上呈面状分布,色调为灰褐色,亮度较高,斑杂状影纹,水系不发育,地貌为低山区;二段岩性为紫灰色、灰色砂质砾岩夹灰紫色泥岩条带、砾岩透镜体[见图2-10(a)],超覆于熊耳群马家河组安山岩之上[见图2-10(b)]。在遥感影像图上呈面状分布,色调为黄褐色,亮度较高,斑杂、斑块状影纹,树枝状水系,地貌为低山区。

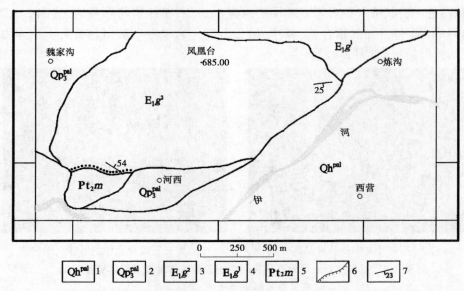

1—全新统冲积物；2—上更新统冲积物；3—高峪沟组二段；4—高峪沟组一段；5—马家河组；
6—角度不整合线；7—产状。

图 2-9　高峪沟组与马家河组角度不整合接触关系平面图

（据河南省地质调查院，2016 年，略修改）

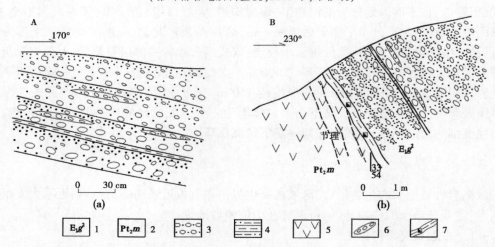

1—高峪沟组二段；2—马家河组；3—砂砾岩；4—粉砂质泥岩；5—安山岩；6—砾岩透镜体；7—风化壳。

图 2-10　高峪沟组沉积特征及与马家河组角度不整合接触关系素描图

（据河南省地质调查院，2016 年，略修改）

　　高峪沟组一段为一套红色岩系，为紫红色、灰紫色砂质泥岩夹含砾粗砂岩、砂质砾岩等，沉积构造不发育，区域上含大量的双壳类、腹足类、介形虫等动物化石，为滨湖-浅湖相沉积环境；二段为一套砂砾岩系，砾岩中砾石成分复杂，以火山岩为主，脉石英、花岗岩次之，磨圆度为次棱角、次圆状，略具分选性，上部在西部超覆于马家河组火山岩之上，属于盆地边缘相的山麓-洪积相的冲积扇沉积特征。

2.1.3.2 新近系大安组

在区内仅出露大安组,零星出露于木植街乡北地、冷水沟、西凹等地,总体呈南西—北东向展布,不整合于熊耳群之上(见图2-11)。大安组主要岩性为深灰色杏仁状斑状橄榄玄武岩,底部为熔结火山角砾岩,区域上岩性变化不大,在木植街乡西南西凹一带,岩性主要为灰黑色橄榄玄武岩,具斑状结构,斑晶橄榄石,一般1~5 mm,含量10%,岩石蚀变较强,主要为伊丁石化、蛇纹石化,底部见砂砾岩层。在遥感影像图上呈不规则状分布,色调为黄褐色,亮度中等,斑杂状影纹,水系不发育,地貌为中低山区。该组为基性火山岩-碎屑岩建造,其岩性主要为橄榄玄武岩,下部见砂砾岩,火山岩中未见枕状构造等水下喷发特征,区域上砂砾岩中砾石成分复杂,为次圆状-次棱角状,分选较差,表明为陆相喷发环境。

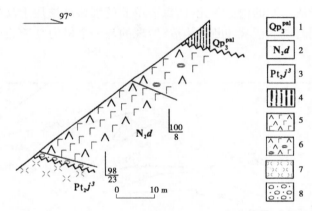

1—上更新统;2—大安组;3—鸡蛋坪组三段;4—亚黏土;5—橄榄玄武岩;
6—气孔状橄榄玄武岩;7—斑状流纹岩;8—砂砾岩。

图2-11 嵩县木植街乡西凹新近系大安组实测剖面图

(据河南省地质调查院,2016年,略修改)

2.1.3.3 第四系

区内第四系主要分布于河流两侧及山前斜坡地带。根据岩性组合及地貌特征、成因类型和形成时代自下而上划分为上更新统及全新统。

1. 上更新统(Qp_3^{pal})

分布于河流两岸靠近边坡地带,以汝河南岸分布较多,在北岸也有少量出露,组成Ⅱ级阶地,岩性为灰黄色含砾粉砂质黏土、含泥砂砾石、含泥细砂及含砾粗砂层等松散堆积物,固结较差,厚1~10 m,其纵向沉积序列明显,其上地形起伏不平,冲沟发育,成因为洪冲积类型。在遥感影像图上呈不规则状分布,色调为灰紫色、紫红色,饱和度较高,亮度中等,影纹光滑、均匀,无阴影,之上冲沟发育,地貌为河流二级阶地。

2. 全新统(Qh^{pal})

1)下全新统冲洪积层(Qh_1^{pal})

出露河床两侧,构成河流Ⅰ级阶地,主要为含砾亚砂土、亚黏土、砾石层等松散堆积物,砾石大部分为次圆状,少部分为次棱角状,其上地形平坦,居民点及耕地较多,成因为冲洪积类型。在遥感影像图上呈不规则状、带状分布,色调为灰紫色,饱和度较高,亮度较高,影纹光滑,较均匀,无阴影,之上植被发育,地貌为河流一级阶地。

2)上全新统冲洪积层(Qh_2^{pal})

出露现代河流的河床和河漫滩中,岩性由松散堆积的砂砾石层和砂组成,局部见淤泥层,成因为冲洪积类型。在遥感影像图上呈带状分布,色调为灰紫色、灰色,饱和度较高,亮度较高,影纹粗糙,无阴影,地貌为河床、河漫滩。

2.2　区域构造

区内地质构造复杂,印支—燕山运动改造了本区古老的构造格架,基本上形成了现在的构造形态。自太古界到新生界,由不同时代构造层组成的地壳,被一些不同时期发育的深大断裂带分割,形成不同的构造单元,而每一单元的那些构造层上又发育着次级、更次一级不同方向、不同时期的褶皱和断裂构造,展现的是一个极为复杂的地质构造环境(见图 2-12)。

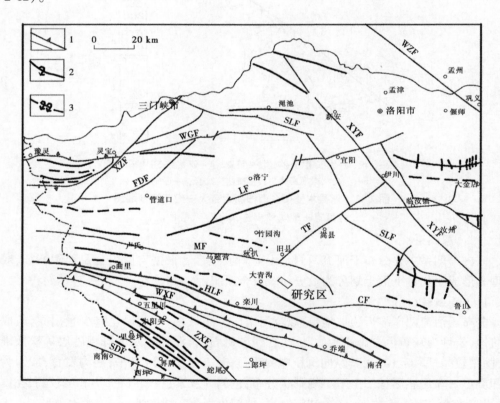

1—断裂及深大断裂;2—背斜及倒转背斜;3—向斜及倒转向斜断层简写;HLF—黑沟—栾川断裂;
WXF—瓦穴子断裂;ZXF—朱阳关—夏馆断裂;SDF—商南—丹凤断裂;MF—马超营断裂;
SLF—三门峡—鲁山断裂;XYF—新安—伊川断裂;WZF—五指岭断裂;XZF—三门峡—朱阳镇断裂;
LF—洛宁山前断裂;TF—田湖断裂;CF—车村断裂;WGF—文底—宫前断裂;FDF—福地断裂。

图 2-12　豫西构造纲要图

(据河南省地矿局地矿一院,2017)

2.2.1 褶皱构造

区域褶皱构造特征,从构造旋回的发育历史、结合褶皱形态、联系成因,可划分为嵩阳—中岳期、熊耳期、晋宁—少林期等发展阶段。

2.2.1.1 嵩阳—中岳期褶皱

分布于区内由太古界和下元古界基底结晶岩系组成的地层中,嵩阳期表现为近东西向的短轴褶皱形态,外形多为穹窿状,反映了原始地壳的古陆核结构。在熊耳山太华岩群分布区,则发育有南北向的四道沟向斜(形)、草沟倾伏背斜、瓦庙沟向斜和庙沟—五龙沟倒转背斜构造。这些褶皱一般多以近直立或倒转的紧闭形态出现,极其发育的片理和断裂又加大了其复杂性,明显反映了地壳生成早期以塑性形变为主的地壳构造形变。

2.2.1.2 熊耳期褶皱

主要表现在熊耳群火山岩系中,形成一些轴向东西、两翼宽缓的背斜(隆起)和向斜(坳陷),本区比较明显的主要褶皱为大青沟—摘星楼背斜。

大青沟—摘星楼背斜由栾川大青沟东南延至嵩县车村以南的摘星楼一带,东西两段轴部出露太华岩群变质岩,中部几乎为合峪、太山庙和长岭沟三大花岗岩基所占据,栾川大清沟—鸭石街段(狮子庙南)轴部出露太华岩群,两翼出露熊耳群许山组,地层组合同熊耳山区。嵩县南部摘星楼区为混合岩化的古老基底。

2.2.1.3 晋宁—少林期褶皱

主要指元古界及其下伏地层的褶皱。区内主要为倒转、平卧或紧闭的褶皱束,分布在板块南缘的台缘坳陷带内。被卷入这一褶皱系统的地层包括熊耳群、官道口群、栾川群和陶湾群。褶皱轴向近东西或北北西走向,由一系列高角度乃至平卧、倒转的背斜和向斜组成,其褶皱幅度越接近板块边缘越强烈,显示了此处应力的高度集中。区内褶皱的标志性特征是栾川群的褶皱多因极发育的走向断层破坏,使之层序不完整,并破坏了地层的连续性。

2.2.2 断裂构造

豫西地区断裂构造极为发育,形成不同规模、不同序次、不同时期的断裂带。据有关研究,可划分为区域性深大断裂和表壳断裂类型。按断裂构造空间展布特征,可划分为北西(西)向、北东(东)向 X 型共轭断裂以及近东西向、北北东向(近南北向)4 组断裂,其中北西(西)向和北东(东)向最为发育,其他方向次之,一般北东(东)向断裂切割北西(西)向断裂,北北东向(近南北向)断裂截切其他各组断裂。区域内萤石矿赋存与近东西向断裂构造关系最为密切。

2.2.2.1 区域性深大断裂

1.黑沟—栾川断裂

黑沟—栾川断裂在区域上由陕西经卢氏—栾川延入方城维摩寺以东地区,为华北板块和秦岭造山带的重要的边界界限。黑沟—栾川断裂位于研究区西南部 18 km,呈北西—南东向展布,地貌上为地形陡变带,常形成陡壁、陡坎、山垭、断层崖、断层三角面及线状沟谷。

黑沟—栾川断裂主断面以北倾为主,倾向 12°~45°,局部南倾,倾角变化大(46°~76°),断裂带宽 20~40 m,最宽处 100 多 m,具多期次活动性质。黑沟—栾川断裂控制了新元古界宽坪岩群四岔口组的北界,北侧截切栾川群地层及古元古代花岗岩、早白垩世花岗岩。带内主要为花岗质碎裂岩、不同岩性的构造透镜体及后期脉体,具强烈的蚀变,根据断裂两侧的构造劈理、牵引褶皱及断层面擦痕判断,为一逆冲断层,由于断层具多期活动,部分地段表现为正断层。断裂带两侧多具糜棱岩化现象,特别是断裂北侧早白垩世花岗岩中表现更为明显,宽几十米至几百米不等,可见到旋转碎斑及石英定向拉长现象。

另据地震测深资料,断裂北侧有 3 个波速层,属典型板块型结构;断裂南侧除莫霍面外,地壳内未发现反射层。根据航磁延拓计算,切深地壳 29~35 km,接近地幔层,推断其发展早期为古秦岭洋板块向华北陆板块下俯冲的接合带,后期演变为向北高角度倾斜、深部向南倒转的推覆逆冲性质。

黑沟—栾川断裂带是一条多期次、多层次活动的规模巨大的构造边界。该断裂带在中元古代晚期~新元古代早期构成华北陆块与秦祁昆造山系之间的构造边界,其南侧的宽坪岩群和北侧的栾川群在沉积建造、变质变形特征等方面差异甚大,表明该断裂带为一沉积及大地构造环境的突变带。在古生代时期,该断裂带发生自南向北的韧性逆冲推覆活动,是板块汇聚事件在大陆边缘内的响应,在断裂两侧岩石具不同程度的糜棱岩化现象。表现最强烈、明显的是中生代晚期自北向南大规模以推覆为主的浅层次构造活动,断裂带内碎裂岩及构造角砾岩发育,并有白垩纪大规模陆内花岗岩侵入。在新生代时期,形成近东西向的构造破碎带,叠加在前期断裂带之上,切割了不同的地层及白垩纪花岗岩,形成规模较大的破碎带,其内发育挤压片理、构造透镜体等,显示强烈挤压破碎特征,地貌上形成陡坎、线性沟谷、垭口等特征。

2. 马超营断裂

马超营断裂是华北地块南缘华熊地块和卢氏—栾川推覆构造带的分界断裂,由卢氏以东经栾川马超营、潭头,嵩县前河、蒲池,至汝阳后为太山庙岩体侵位,东南延向车村断裂,为一叠加在韧性断裂基础上的脆性断裂带。马超营断裂带位于研究区北东部 6 km,走向 NWW,主体倾向 NE,倾角 50°~80°。该断裂在马超营一带由大致平行的 3 条断裂组成,并且这些断层之间往往又有 3~5 条更次级断层与主断裂分枝复合,总体构成宽约 4 km 以上的马超营断裂带。断面呈波状弯曲,形成几十米至几百米的构造破碎带。断裂带内挤压片理、糜棱岩、角砾岩、碎裂岩等发育,反映出该组断裂具有压性特征。断裂带内主要蚀变为硅化、碳酸盐化、绢云母化,主要矿化为黄(褐)铁矿化、方铅矿化和金矿化。

现有物探资料显示,断裂向深部延伸,倾角有变缓的趋势。马超营断裂对应于重力梯级带,在地电剖面和 QB-1 人工地震剖面中,显示为物性不同地壳分界断裂。在重、磁剖面上反映为重力低值,航磁为急剧跳跃的锯齿状正异常。重力梯度与断裂地表产状基本一致,在地下 13~15 km 处有两个分枝,一枝北倾,断到 38 km 深处;另一枝南倾,可达 34 km 深处,是一规模巨大的台缘基底断裂。带内各类构造岩特征明显,表现出构造活动多期次的特点,相应地伴随热液蚀变的多期多阶段,金及多金属矿化较为普遍。形成时代分别为(524.9±1.9) Ma 和(130~120) Ma(韩以贵,2007)。

马超营断裂的动力学性质比较复杂,总体显示为压-张-压剪等多期活动特点:①中元古代熊耳期形成,具有古板块对接俯冲的岛弧火山机制,表现为对熊耳期火山活动的控制作用。②加里东期以强烈韧性变形为特点,形成宽达数米至数十米、数百米的糜棱岩和构造片岩带。③印支—燕山期以伸展脆性变形为特征,叠加改造了早期韧性变形带,形成低序次平行次级断裂束和碎裂岩系,受拉伸作用北部旁侧发育了羽状的上宫和焦园断裂。④喜山期拉开了次级断裂,控制了潭头—嵩县新生代断陷盆地,木植街南局部发现有新生代玄武岩喷出。

张国伟认为在晚海西—印支期,马超营断裂带的主要表现为中深构造层次逆冲推覆和倒转褶皱,到燕山中期主要表现为平移走滑及脆-韧性逆冲断层,燕山晚期后又叠加新生代张剪性扩容,形成脆性破碎带。熊耳群古火山机构出露于马超营断裂带北侧,自西向东依次为眼窑寨、木植街、太山庙等,古火山口群走向线与马超营断裂走向平行,在航磁图上显示出深断裂,因而推测该断裂可能形成于古元古代或中元古代早期,是中元古代三叉型裂谷的南缘,也是熊耳期大规模火山喷发的通道,古火山口连线即古马超营断裂的位置。在华熊地块盖层形成之后,该断裂继续活动切穿盖层,成为区内重要的控矿断裂。

马超营断裂带及其低序次构造的形成、发展和演化,是豫西地区一条重要的贵金属、多金属及非金属矿产的成矿带。

2.2.2.2　表壳断裂

表壳断裂又称盖层断裂,泛指地表出露、切穿沉积岩火山岩盖层和侵入岩的断裂,区域内分布十分广泛。该断裂划分为北西(西)向、北东(东)向 X 型共轭断裂以及近东西向、北北东向(近南北向)4 组断裂。

1. 近东西向断裂

以鲁山—车村—庙子大断裂为区域近东西向断裂的代表,该断裂带近东西向分布于研究区南部 6 km,区域上自西向东出露于韭菜沟口、车村镇南、板房、四道河,向西延至铜河一带与栾川断裂带复合,向东延出区外。断裂面呈舒缓弯曲延伸,车村以西为第四系覆盖,仅在韭菜沟口、上河南等地见构造碎裂岩发育,车村以东断裂迹象明显,倾向 0°~20°,倾角 60°~80°,截切中元古界熊耳群火山岩、早白垩世花岗岩,带宽 40~85 m,局部可达数百米。带内主要由构造角砾岩及碎裂岩系组成。在木札岭东一带,断裂出露宽度约 45 m,北侧断面明显,产状 356°∠67°,断面平直光滑,可见擦痕,指示断层具逆冲性质,南侧断面被覆盖;在栗树庄北一带,出露宽度达 200 m 以上,北侧断面明显,产状 37°∠67°,断面光滑,舒缓起伏,可见清晰的擦痕、阶步,指示断裂具逆冲性质,南侧断面被覆盖。鲁山—车村—庙子大断裂经历了多期次、不同性质的活动。早期的韧性变形在断裂带两侧熊耳群火山岩及中生代花岗岩体中形成韧性变形带,该期变形至少在早白垩纪之后;晚期新构造作用强烈,断裂至少又经历了逆冲推覆和左行平移两次构造运动。断裂带两侧萤石矿化极其发育,尤其是北侧,分布着陈楼、阳桃沟等大中型萤石矿床,对萤石矿的分布控制作用明显。

除鲁山—车村—庙子镇大断裂外,区域近东西向断裂不发育,规模一般较小。

2. 北西(西)向、北东(东)向 X 型共轭断裂

X 型共轭断裂为发育北西(西)向和北东(东)向的两组相对出现的断裂构造,北东向

断裂走向 30°~50°,北西向断裂则为 300°~330°,主要发育在华北板块南缘黑沟断裂带的北侧,其主要特点是北西(西)向和北东(东)向两组构造成对出现,并仅限于断裂的一侧,在汝阳、嵩县南部极其发育,显示了板块边缘因地应力高度集中而形成的脆性形变,以合峪—木植街断裂为代表。除断裂沿走向的伸展和与其他北东向断裂的对接外,沿断裂还有闪长岩、石英二长岩的侵入。北西(西)向、北东(东)向断裂也是区内萤石矿的主要控矿构造。

合峪—木植街断裂分布于区域中部,北东向展布,地貌上为系列地形转换带,自东北向西南经瓦房、浦池、合峪镇、柳扒店,向南延伸可能与栾川断裂带复合,向北延出区域。断裂带总体走向约 50°,北西陡倾,倾角 50°~80°,局部向南东陡倾,截切古元古代变质变形侵入体、中元古代正长花岗岩、早白垩世斑状二长花岗岩、中新元古代地层等地质体及诸多地质界线。断裂带宽度变化较大,一般 20~30 m,最小 3~5 m,最宽 50 m。带内主要由碎裂岩及碎裂岩化岩石组成,高岭土化、褐铁矿化强烈。在断裂带不同部位力学性质差别较大,在其东北部,由多条走向近平行的正断层组成,单条断裂走向延长有限,形成断续延伸的断裂带,亦可见断裂明显的两期活动痕迹,早期为张性形成的角砾岩带,晚期为压扭性形成的构造透镜体;中部明显具右行走滑为主兼具斜向逆冲性质;西南部带宽多为 5~15 m,两侧岩石破碎强烈。断裂多期活动特征明显,在木植街以西见中元古代闪长岩沿断裂带侵出,断裂大致控制了闪长岩的延伸方向。断层截切多个时代地层及侵入体,在通过处河流明显转向。

3. 北北东向(近南北向)断裂

北北东向(近南北向)断裂为区内构造格架的重要组成部分,规模一般较小,多成群成带分布,多切割北西(西)向、北东(东)向断裂,其形成时代晚于前两组断裂。栾川北部该组断层与北西走向断裂相交,为小花岗岩体侵入提供了通道。

2.3 区域岩浆岩

区内岩浆岩十分发育,其中以侵入岩为主,火山岩次之。区域岩浆活动频繁,岩浆活动期长、规模不等、类型多样,并具明显阶段性。根据岩浆活动特点、区域分布特征、构造阶段、接触关系以及同位素年龄资料,区内岩浆活动可划分为古元古代、中元古代、新元古代、三叠纪、白垩纪、第三纪六个岩浆活动阶段。不同历史时期的岩浆岩横向上大致呈北西—北西西向带状展布,区内广泛出露,岩石类型齐全,包括了超基性、基性、中性、酸性、碱性以及一些过渡性岩石,不仅表现了火山岩区喷出和浅成次火山侵入的统一,也表现为大花岗岩基、小斑岩体及各类脉岩与区域岩浆活动的对应关系。太古代主要表现为广泛的基性及中基性-酸性火山岩的喷发作用和奥长花岗岩、英云闪长岩、花岗闪长岩(TTG岩系)等侵入活动,其次有少量超镁铁质岩(主要为科马提岩)和镁铁质岩石;太古宙主要表现为中基性-酸性火山岩以及超基性岩的侵入活动;中元古代以熊耳群火山岩的大面积裂谷式喷发为主,形成了巨厚的熊耳群,构成了广布于新太古界太华岩群结晶基底之上的盖层;新元古代栾川群、宽坪岩群火山岩多呈夹层或局部产出,并有不同程度的变质变形;早中生代岩浆岩的时空分布、类型、规模等受板块构造控制明显,大多分布在栾川断裂带以北的华北陆块南缘,以岩浆侵入活动为代表,岩浆侵入活动以白垩纪活动最为强烈,构成区内主要的岩浆活动阶段,以大规模的酸性岩浆侵入为特点,岩石类型以中酸性为主,常以岩基形式出露,少量以斑岩或小型岩株形式产出,零星见有基性-超基性岩;第三纪(大安组)仅有微弱的基性火山活动。

区内以燕山期花岗岩最为重要,其活动期长、强度最大,产出多为岩基或岩株,岩性主要是黑云母花岗岩及黑云母二长花岗岩;还有众多浅成-超浅成相的小型花岗斑岩、花岗闪长斑岩及爆发角砾岩。其中,区内较大的岩体有合峪复式岩体、太山庙岩体等。燕山期侵入活动使围岩遭受强烈的热液蚀变,同时也为成矿提供了热源,与本区萤石、金、铅、银、钼等矿产密切相关,形成大型-超大型钼、金多金属矿床和萤石、重晶石等非金属矿床,区域找矿前景优越。

2.3.1　侵入岩

区内侵入岩分布广泛,总体呈北西向带状展布,与区域构造线方向基本一致。岩石类型以酸性岩为主,其次为中性岩,少量碱性岩,偶见基性-超基性岩。根据岩浆活动特点、区域分布、构造阶段、接触关系以及同位素年龄资料,划分为古元古代、中元古代、新元古代、三叠纪、白垩纪五个岩浆活动阶段,其中以晚中生代白垩纪岩浆侵入活动强烈而广泛,对区内大部分矿产的形成或富集贡献突出。2016 年河南省地质矿产调查院以区域地质调查成果为基础,参考前人资料,依据侵入岩的空间分布、接触关系、岩石组合、岩石地球化学特征、同位素年龄等特征,对测区侵入岩进行了划分(见表 2-1)。

2.3.1.1　古元古代变形侵入岩

古元古代变形侵入岩,是从原太华群解体出来的,与新太古代太华岩群共同组成了基底岩系,分布于西北部大石板及西南部代家沟一带,原生结构仅在局部见到,但花岗岩总体面貌仍然清楚。根据矿物组合分为英云闪长质片麻岩和二长花岗质片麻岩。活动经历了英云闪长岩和二长花岗岩两个阶段,空间上二长花岗岩侵入于英云闪长岩,分别为俯冲和同碰撞产物。

1. 地质特征

古元古代变形侵入岩构造位置上处于华北陆块南缘,受晚期岩体吞噬及构造影响,呈不规则残块产出,南侧为中元古代、早白垩世正长花岗岩侵入占据,被分割成南北两块,除北侧与熊耳群断层接触外,周缘分别为中元古代正长花岗岩、早白垩世二长花岗岩等侵入围限。岩体内常见规模不等的成群成带分布的太华岩群表壳岩包体,二者共同构成花岗-绿岩地体,并经历了强烈的变质变形改造,原生结构仅在局部见到,但花岗岩总体面貌仍然清楚,组成岩性为灰色片麻岩系(英云闪长质片麻岩-二长花岗质片麻岩)、片麻状二长花岗岩,其中以二长花岗岩系为主。空间分布上二长花岗岩系侵入于灰色片麻岩系(英云闪长质片麻岩-二长花岗质片麻岩),且相伴产出,受构造作用影响,面理协调一致,并与区域构造线方向基本一致;总体空间分布及平面形态受后期构造-岩浆作用控制明显(见图 2-13)。

表 2-1　区内侵入岩划分简表

时代		岩体名称	岩石类型	代号	年龄(Ma)	资料来源
中生代	早白垩世	太山庙岩体	正长花岗斑岩(细粒正长花岗岩)	$\xi\gamma K_1 T^5$	U-Pb 112.7±5	高昕宇,2012
			多斑状正长花岗斑岩	$\xi\gamma K_1 T^4$		
			不等粒正长花岗岩	$\xi\gamma K_1 T^3$		
			中斑状细中粒黑云母正长花岗岩	$\xi\gamma K_1 T^2$	U-Pb 114.9±4	高昕宇,2012
			中斑状中粗粒黑云母正长花岗岩	$\xi\gamma K_1 T^1$	U-Pb 125.1	高昕宇,2012
					U-Pb 126.3±1.6	河南省地质调查院,2015
		女寨怀岩体	中斑状粗粒黑云母正长花岗岩	$\xi\gamma K_1 N$		
		石人山岩体	细粒黑云母二长花岗岩	$\eta\gamma K_1 S^5$		
			含小斑细中粒黑云母二长花岗岩	$\eta\gamma K_1 S^4$	U-Pb 113.7	高昕宇,2012
			含中斑中粒黑云母二长花岗岩	$\eta\gamma K_1 S^3$		
			中斑状中粒黑云母二长花岗岩	$\eta\gamma K_1 S^2$	U-Pb 114.5	高昕宇,2012
			大斑状中粒黑云母二长花岗岩	$\eta\gamma K_1 S^1$	U-Pb 116.9	高昕宇,2012
		伏牛山岩体	片麻状大斑状粗粒黑云母二长花岗岩	$\eta\gamma K_1 F^3$	U-Pb 130.9±0.8	河南省地质调查院,2015
			片麻状中斑状中粒黑云母二长花岗岩	$\eta\gamma K_1 F^2$	U-Pb 118.5±1.4	赵凤清等,2005
			片麻状含小斑细中粒黑云母二长花岗岩	$\eta\gamma K_1 F^1$	U-Pb 119.6±0.9	河南省地质调查院,2015
					U-Pb 142.7±2.6	赵凤清等,2005
		合峪岩体	细粒黑云母正长花岗岩	$\eta\gamma K_1 H^6$		
			细粒黑云母二长花岗岩	$\eta\gamma K_1 H^5$		
			含小斑细中粒黑云母二长花岗岩	$\eta\gamma K_1 H^4$	U-Pb 135.3±4.9	河南省地质调查院,2015
			含中斑中粒黑云母二长花岗岩	$\eta\gamma K_1 H^3$	U-Pb 134.5±1.5	郭波,2009
					U-Pb 133.0±1.0	河南省地质调查院,2015
			中斑中粗粒黑云母二长花岗岩	$\eta\gamma K_1 H^2$	U-Pb 148.2±2.5	高昕宇,2010
			大斑中粗粒黑云母二长花岗岩	$\eta\gamma K_1 H^1$	U-Pb 135.4±5.4	高昕宇,2010
	三叠纪		暗灰色中-细粒霓辉石黑云母正长岩	ξT	Rb-Sr 226.4	曾广策,1990
					U-Pb 208.5±6.2	任富根等,1999
					U-Pb 235±12	
	晚泥盆纪	郭条坪岩体	细粒黑云母二长花岗岩	$\eta\gamma D_3 G^2$		
			片麻状细中粒黑云母二长花岗岩	$\eta\gamma D_3 G^1$	U-Pb 369±4	河南省地质调查院,2009
中元古代	长城纪	龙王幢岩体	细粒正长岩、正长斑岩、钠铁闪石正长斑岩	$\xi\gamma ChL^3$		
			粗粒钠铁闪石正长花岗岩	$\xi\gamma ChL^2$	SHRIMP 1 625±16	陆松年等,2003
					U-Pb 1 616±20	王晓霞等,2012
					U-Pb 1 655±15	河南省地质调查院,2015
			中粒正长花岗岩	$\xi\gamma ChL^1$	U-Pb 1 616±49	河南省地质调查院,2015
			片麻状细粒二长花岗岩	$\eta\gamma Pt_1$	U-Pb 1 914.1±6.5	河南省地质调查院,2015
			二长花岗质片麻岩	$og^{\eta\gamma}Pt_1$	U-Pb 1 820	
			英云闪长质片麻岩	$og^{\gamma\delta}Pt_1$	U-Pb 2 312±23	河南省地质调查院,2009

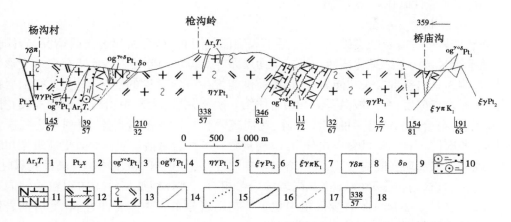

1—太华岩群；2—熊耳群许山组；3—古元古代英云闪长质片麻岩；4—古元古代二长花岗质片麻岩；
5—古元古代片麻状细粒二长花岗岩；6—中元古代正长花岗岩；7—早白垩世正长花岗斑岩；
8—花岗闪长斑岩；9—石英闪长岩；10—石榴绢云石英片岩；11—英云闪长质片麻岩；12—二长花岗质片麻岩；
13—片麻状细粒二长花岗岩；14—地质界线；15—岩相界线；16—脆性断裂；17—韧性断裂；18—片麻理产状。

图 2-13 栾川县桥庙沟一带古元古代变质变形花岗岩剖面图

（据河南省地质调查院，2016 年，略修改）

2. 成因及构造背景

古元古代变形侵入岩由过铝质富钾钙碱性系列的英云闪长质片麻岩、二长花岗岩类组成，总体具富铝、富钾特点。随着 SiO_2 升高，DI 增大，SI 变小，除与 K_2O、FeO 正相关外，其他均呈现负相关，与正常岩浆演化不同，显示与基底岩系太华岩群及古元古界富 Al 贫 K、Na、Ca 的物质组成及岩浆演化有关；稀土元素 $\sum REE$ 变化范围小，轻重稀土分馏程度明显，由早到晚，$\sum REE$ 由低→高，Eu 负异常明显，SiO_2 与岩石 $\sum REE$、δEu 相关性表明岩浆分异演化起到了一定的作用；微量元素富集 Rb、K、Th、Zr、Hf，亏损 Nb、Ta、Sr、P、Ti，显示壳源为主的地球化学特征。在 A-C-F 图解上均落入 S 型花岗岩区，结合岩体与太华岩群变质表壳岩包体相伴产出、界线多数渐变的地质特征，认为由太华岩群组成的陆壳硅铝质岩石部分熔融形成，是太华岩群深熔作用的产物，岩石向富硅、钾、铝演化显示陆壳成熟度逐渐升高。在 R1-R2 图解上英云闪长质片麻岩及个别二长花岗岩落入造山晚期，二长花岗岩类多数投在同碰撞期与造山晚期界线上并靠近非造山期界线，个别点投入非造山期；在 Rb-Yb+Nb 及 Nb-Y 图解上落入火山弧花岗岩区并靠近板内花岗岩。同位素测年资料表明，英云闪长质片麻岩形成时间约 2 312 Ma，二长花岗岩形成于 1 912 Ma，岩浆活动至少经历了约 400 Ma 构造岩浆演化，与古元古代大陆增生事件基本一致。综合分析认为该期侵入岩形成于古陆块增生阶段的俯冲-同碰撞环境，岩石圈增厚诱发幔源底侵，下地壳物质部分熔融形成花岗质岩浆上侵就位。

2.3.1.2 中元古代侵入岩

中元古代侵入岩大地构造位于华北陆块南缘，主要分布于测区西部卢氏管以北的摩天岭一带，区内主要为长城纪龙王幢岩体（$\xi\gamma ChL$）。龙王幢岩体与该时期的裂谷作用有关，与熊耳群为同一环境产物，源岩来自于下地壳麻粒岩，以富碱、富钾、稀土总量高、F高、富含碱性暗色矿物为特征。

1. 地质特征

受后期岩体吞噬及断裂破坏,区内呈不规则面状展布,结合西邻区出露情况,岩体长轴大致平行区域构造线呈北西西—近东西向展布。北侧和南侧侵入古元古代变质变形侵入体,东侧为早白垩世二长花岗岩侵入,并使围岩发生一定程度的混合岩化,见有围岩捕虏体,明显晚于围岩,东部被白垩纪合峪岩体第一次侵入岩(大斑中粗粒黑云母二长花岗岩)侵入,有与合峪岩体有关的花岗岩脉、花岗斑岩脉穿入龙王幢岩体,可划分为三次侵入活动,各次侵入岩之间呈套环式分布,脉动接触。早期岩浆活动规模小且更靠近栾川断裂带,晚期岩浆活动强度变大,活动中心自南向北迁移,分别构成后碰撞型(高钾钙碱性-碱性)花岗岩、板内拉张型(碱性)花岗岩的岩浆组合。主体组成岩性为中粗粒钠铁闪石正长花岗岩(见图2-14),另有少量粗中粒正长花岗岩分布于主体岩性外侧,受后期岩体吞噬,仅局部残留,二者岩性突变,界线截然。

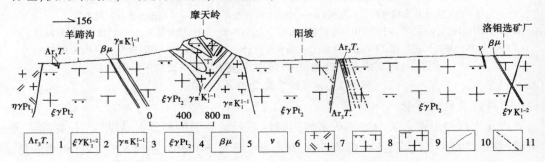

1—太华岩群;2—早白垩世第一期第二次正长花岗岩;3—早白垩世第一期第一次多斑花岗斑岩;
4—中元古代碱性花岗岩;5—辉绿岩脉;6—变辉长岩包体;7—二长花岗岩;8—中粗粒钠铁闪石正长花岗岩;
9—粗中粒正长花岗岩;10—侵入界线;11—韧性剪切带。

图2-14 河南栾川卢氏管中元古代碱性花岗岩剖面图

(据河南省地质调查院,2016年)

2. 成因及构造背景

中元古代长城纪龙王幢侵入岩岩性单一,均为正长花岗岩类,并有碱性暗色矿物钠铁闪石出现。岩石富ALK(K_2O+Na_2O)、K_2O、FeO^T,贫CaO、MgO;ΣREE较高,轻稀土强烈富集,Eu负异常明显;微量元素富Rb、Th、Nd、Zr、Hf,贫Sr、Ba、Ti、P、U等;总体特征与A型花岗岩相似。在Zr+Nb+Ce+Y对FeO/MgO、(K_2O+Na_2O)/CaO图解上,均落入A型花岗岩区;在Rb-(Yb+Nb)及Nb-Y图解上,多落入板内花岗岩区;在R1-R2图解上落入非造山或造山晚期与非造山界线附近。同位素测年资料表明,该期碱性花岗岩形成于1 616~1 655 Ma,结合岩体产出地质特征,正长花岗岩的形成时代为中元古代。结合该时期区域上普遍处于拉张环境,认为该期侵入岩形成于非造山板内拉张裂谷环境,源岩物质来自于下地壳,与裂谷型熊耳群火山岩特征相似,代表了该时期华北陆块南缘裂解事件的地质记录。

长城纪龙王幢岩体本身稀土元素富集,ΣREE总体较高,多在$500×10^{-6}$以上,部分地段达 1 500×10^{-6}(卢欣祥,1989),目前已发现多处矿化点及矿化线索,西邻区同一岩体内有的已圈出工业矿体(大栽峪矿区)。龙王幢岩体内萤石矿化普遍,部分已构成马丢等中-大型工业萤石矿体,矿体多产出于节理、裂隙或断裂中,多为热液充填成因;另有少量热液充填型铜矿、磁铁矿、铅锌矿等。这些非金属、金属矿产资源与早白垩世花岗斑岩、花岗岩脉具密切成生关系,而本期岩体只是提供了良好的成矿空间环境(河南省地质调查院,2016)。

2.3.1.3　古生代侵入岩

区内仅出露晚泥盆世岩体,产于栾川断裂南侧的北秦岭构造带内,呈带状沿构造线展布,区内主要为郭条坪岩体($\eta\gamma D_3 G$)。郭条坪岩体是扬子板块与华北板块碰撞的产物,与碰撞时地壳加厚造成宽坪岩群部分熔岩有关,发育较强的同构造变形,富硅、富碱、富钾,为 S 型花岗岩。

1. 地质特征

位于西南角郭条坪一带,呈长带状产出,侵入中元古界宽坪岩群四岔口岩组,界面呈极度弯曲的港湾状,接触面总体北倾 48°~62°(见图 2-15),边部发育有细粒带。可划分出 2 次侵入活动,二者之间为一截然界线,系脉动型侵入接触关系。

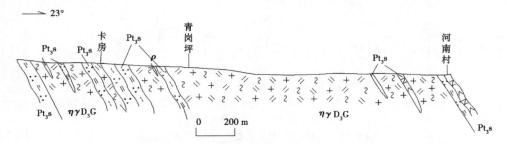

Pt$_3$s—宽坪岩群四岔口岩组黑云石英片岩;$\eta\gamma$D$_3$G—片麻状中细粒二长花岗岩;ρ—伟晶岩脉。

图 2-15　栾川县卡房—河南村郭条坪岩体实测剖面图
(据河南省地质调查院,2009)

2. 成因及构造背景

从区域上看,郭条坪岩体与宽坪岩群具侵入或渐变过渡接触关系,岩体中围岩地层残留体发育,具较强的同构造期变形,岩性横向变化不大,岩石富钾贫钠,过铝质或铝质,标准矿物中含有刚玉(C),在 ACF 图解上投点落在 S 型花岗岩区,在构造环境判别图解上投在地壳熔融同碰撞 S 型花岗岩区附近。在微量元素 Rb-(Y+Nb)、Rb-(Yb+Ta)、Nb-Y、Ta-Yb 图解上投点多落在同碰撞带花岗岩区(Cyn-COLD)和火山弧花岗岩区(VAG)。由此可以看出,郭条坪岩形成于同碰撞构造环境,源岩物质来自于地壳,由宽坪岩群部分熔融而成,具 S 型花岗岩特征,其形成可能与古生代期中秦岭板块与华北板块碰撞时地壳加厚、造成地壳物质部分熔融有关。

2.3.1.4　三叠纪侵入岩

分布于区内北部的白沟、雁池沟一带,东北部的木植街北一带。三叠纪岩浆活动规模小、多点分布,形成岩性单一的碱性正长岩类,岩石化学成分具贫硅、富铝及高碱的特点,微量元素地球化学型与碰撞型花岗岩相似。形成于碰撞后拉张环境,标志着挤压造山作用的结束。

1. 地质特征

多呈岩脉或岩墙状产出,木植街北个别规模稍大,呈岩株状产出,总体呈北西西向或近东西向出露于一个狭长地带,受北东—北西向断裂控制。出露规模多数较小,单个岩墙(岩脉)宽一般几十厘米至几十米,最宽不超过 650 m(岩株),长数百米至数千米,横向常见分枝复合。区内主要侵入于熊耳群火山岩中,向西邻区还见侵入于中元古界官道口群。据岩石类型、结构构造、接触关系等特征,将该期侵入岩划分为二次:第一次为斑状中细粒角闪正长岩,仅见于小岩株中;第二次为角闪正长斑岩,少量正长岩,呈岩脉或岩墙状产出。二者间界线截然、弯曲,常见明显的侵入关系(见图 2-16),后者中见前者捕房体,而各次内又具次一级岩相变化,主要表现为向内斑晶变大、基质粒径变粗。

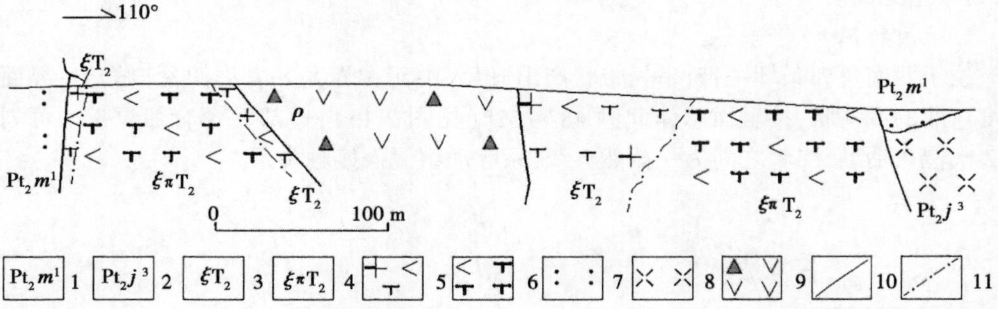

1—马家河组一段;2—鸡蛋坪组三段;3—三叠纪斑状角闪正长岩;4—三叠纪斑状角闪正长斑岩;
5—中斑多斑中细粒角闪正长岩;6—角闪正长斑岩;7—凝灰岩;8—流纹岩;9—安山质震碎角砾岩;
10—地质界线;11—侵入体突变界线

图 2-16　嵩县木植街北三叠纪正长岩实测剖面

(据河南省地质调查院,2016)

2. 成因及构造背景

三叠纪正长(斑)岩类多呈岩脉(少量岩株)状产出,与围岩侵入接触界线清楚;岩石属准铝质–过碱质钾质碱性岩系,ΣREE 总体偏低,配分模式为弱负 Eu 异常、向右陡倾的平滑曲线,微量元素富 K、Ba、Th,亏损 Nd、Ta、Ti、P,指示地壳物质参与了岩浆过程,地球化学型式与碰撞型花岗岩较相似。在 R1-R2 判别图解上均落入造山晚期花岗岩区并靠近非造山区。结合区域地质背景,认为该期侵入岩形成于扬子板块与华北板块碰撞对接后的板内拉张环境,以下地壳物质为主的部分熔融形成碱性岩浆上侵。区内碱性岩的形成,代表了秦岭造山带碰撞造山构造岩浆旋回演化后期的最终产物,是挤压造山作用结束的标志(卢欣祥,2008)。

2.3.1.5　早白垩世侵入岩

广泛分布于区域中南部合峪、车村、石人山一带,构成测区侵入岩主体,代表区内最主要的岩浆活动期,在区域岩浆活动史上占有绝对优势地位。由一系列不同规模的复式深成岩体组成,呈北西西—近东西向岩基、岩株状产出。可划分为中性岩体、酸性岩体。中性岩体大多呈规模不等的包体零散或群居分布,平面上呈不规则圆状、椭圆状、长条状等产出,形态不规则,大者面积可达数平方千米,产于车村断裂两侧的酸性岩体中,较大的岩体有天桥沟岩体、上庙岩体,在车村西的养廉沟一带也有产出。酸性岩体包括合峪岩体、伏牛山岩体、石人山岩体、太山庙岩体等,均为二长花岗岩-正长花岗岩。合峪岩体和太山庙岩体为多期岩浆活动的复式岩体,为壳幔质重熔花岗岩浆深成侵入形成,在其演化晚期形成富含挥发分的含矿热液,沿花岗岩内及与围岩内外接触带附近产生的不同方向断裂的有利部位,经充填交代形成本区的萤石矿。区内萤石矿(床)点多分布在合峪、太山庙花岗岩体的边部及与围岩的内外接触带。

1. 天桥沟岩体($\delta o K_1 T$)

早白垩世早期形成的中性岩(天桥沟岩体)与中生代陆内俯冲引起的地壳缩短加厚引起的深部物质熔融有关,为 I 型花岗岩,来自于幔源为主的壳幔混合,以显著高 TFeO、MgO 及相对富碱的钠质类型为特点,为超贫磁铁矿的产出层位。

1)地质特征

分布于栗树街西部天桥沟一带、车村断裂北侧,呈不规则岩株状产出,产状总体南倾70°(见图 2-17)。周围被合峪岩体中斑状中粗粒黑云母二长花岗岩侵入,二者界线呈锯齿状,合峪岩体边部发育有 14 m 宽的糜棱岩化带、或发育 20 m 宽的细粒花岗岩带,天桥沟岩体边部可见花岗岩脉强烈穿插,二者接触处具明显的同化混染现象,同化混染带宽30 m,表现为天桥沟岩体颜色变浅、钾长石增多,合峪岩体颜色变深、斜长石增多,并伴有绿泥石化现象。在岩体边部,自内向外依次可见由闪长岩、石英闪长岩、石英二长闪长岩组成的同心环状岩相分带,或是由粒径粗细变化显示的岩相分带,多数内部可见斜长石斑晶,部分地段可见复杂的穿插关系。

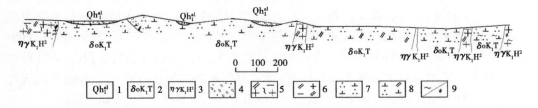

1—全新统冲积物;2—天桥沟岩体石英闪长岩;3—合峪岩体第二次侵入岩;4—冲积砂砾石层;
5—片麻状中斑状中粗粒黑云母二长花岗岩;6—细粒黑云母二长花岗岩;7—细粒石英闪长岩;
8—细粒石英二长闪长岩;9—绿泥石化、碳酸盐化。

图 2-17　栾川县钓鱼台—河北岸天桥沟岩体实测地质剖面

(据河南省地质调查院,2016)

2)成因及构造背景

天桥沟岩体的石英闪长岩中有较多的角闪石矿物出现,且具有低 SiO_2、贫 Al_2O_3,显著高 TFeO、MgO 及相对富 Na_2O+K_2O 的特点,在碱度率图解上位于碱性岩区(相当于皮科克的碱钙性岩),为富钠偏铝质碱钙性岩石。具较高的稀土含量、中等程度轻重稀土分镏程度及不明显的铕负异常,分布模式为向右倾斜的圆滑曲线,与 I 型花岗岩特征相似,源岩物质来自于壳幔岩浆混合。微量元素 Co、V、Ta 富集,Sc、Hf 显著富集,Sc 为正常值的 10 倍,Hf 为正常值的 7 倍,标准化模式图为向右陡倾的不对称的"Z"字形,与碰撞后花岗岩特征相似。在 Rb-(Y+Nb)、Nb-Y 图解上投点落在板内与弧花岗岩的界线附近。区域资料表明,区内在侏罗纪以来已转为受现代板块体制下的俯冲隆起及大规模滑脱作用。因此,天桥沟岩体的形成应与陆内造山引起的地壳增厚、深部物质熔融有关,具 I 型花岗岩特征,源岩物质来自于壳幔混合。

2. 合峪岩体($\eta\gamma K_1 H$)

分布于区内中部的合峪到车村一带。早白垩世早期的酸性岩(合峪岩体)与加厚的地壳开始减薄有关,为 I 型花岗岩,兼具 S 型花岗岩,由底侵玄武质岩浆加热下地壳发生部分熔融形成,岩浆来自于壳源为主的壳幔混合,以富云包体、闪长质包体均有发育为特色,岩体规模巨大,以主动、被动复合机制就位,是萤石矿的重要产出层位。

1)地质特征

合峪岩体呈岩基状产出,呈套环式分布,有多期侵入的特点(见图 2-18)。侵入于古元古代变形侵入岩体、中元古代熊耳群、龙王幢岩体及早白垩世天桥沟岩体,接触面呈极度弯曲的港湾状、锯齿状,普遍外倾,倾角 40°~60°,与早白垩世天桥沟岩体之间发育 14~30 m 宽的糜棱岩化带、细粒带和同化混染带,接触处常有花岗伟晶岩脉产出,与熊耳群接触部位有铅锌萤石等矿产。内乡幅 1:25 万区调报告(河南省地质调查院,2002)根据岩性特征及接触关系将合峪岩基划分为 6 次侵入活动,早期侵入体分布于外侧,晚期侵入体位于中心,呈套环式分布。第一单元到第四单元为主侵入期岩体,第五单元、第六单元为末期。第一单元为大斑中粗粒黑云母二长花岗岩,斑晶由条纹长石组成,粒径 20~30 mm,个别达 70 mm,斑晶含量 10%~25%,局部集中呈聚斑状,含量达 40%~60%。第二单元为中斑中粗粒黑云母二长花岗岩,斑晶由条纹长石组成,含量 8%~10%,粒径 10~20 mm,个别达 50 mm,分布较均匀,仅局部富集呈团块状。第三单元为中斑中粗粒黑云母二长花岗岩,呈岩株状产出,斑晶由条纹长石组成,含量 1%~5%,粒径 10~15 mm,局部斑晶较少。第四单元为小斑细中粒黑云母二长花岗岩,呈岩株、岩脉状产出,斑晶由钾长石组成,含量 3%~5%,粒径 5~10 mm。第五单元为细粒黑云母二长花岗岩,呈岩株、岩脉群状产出。第六单元为细粒黑云母正长花岗岩,岩体呈近东西向岩脉状产出。合峪花岗岩基主体普遍含钾长石斑晶,斑晶大小一般为 1~3 cm,自形,发育简单双晶,偶呈定向、半定向排列。从第一单元到第六单元岩性由二长花岗岩向正长花岗岩逐渐变化,结构上表现为斑晶含量从多→少→无、粒径由大→小、基质由中粗粒→细中粒→细粒,矿物钾长石含量逐渐由少→多,斜长石、黑云母由多→少,各次之间群居一起脉动、涌动接触,构成从外向内以结构演化为主、成分演化为辅的同源岩浆演化序列。

2)岩体的空间分布与岩石学特征

合峪花岗岩基紧邻马超营断裂带南侧呈北西向哑铃状分布,侵于熊耳群火山岩中,是豫西地区燕山期最大的花岗岩基。由多期岩浆侵入作用形成,属复式岩体。早期侵入体分布于岩体核部,为似斑状黑云母二长花岗岩;中期呈环带状分布于第一期周围,为似斑状黑云母二长花岗岩;晚期侵入体规模最大,分布于合峪复式岩体边缘和外围,岩性为巨斑状黑云母二长花岗岩;末次为岩脉或岩株侵入到前述不同阶段的花岗岩体或前中生代地层中,多为正长岩、石英正长岩等(李诺等,2009)。从早期到晚期钾长石斑晶含量逐渐升高,粒径也逐渐增大,总体以巨斑状(大于 1 cm 的斑晶)黑云母二长花岗岩为特征,但钾长石斑晶粒径差异显著。

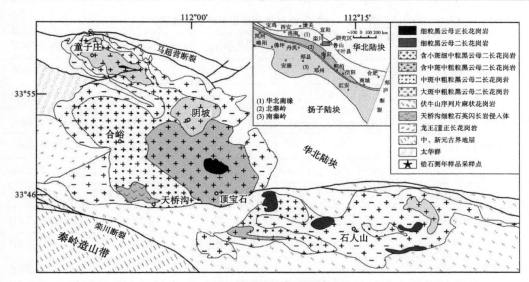

图 2-18 合峪岩体分布图

3）岩体的地球化学特征

合峪岩体的各次侵入岩的岩性相对单一，表现为以结构演化为主、成分演化为辅的同源岩浆演化，富云包体和镁铁质–闪长质微粒包体发育，SiO_2 含量 70.0% ~ 73.5%，Al_2O_3 含量 13.8% ~ 14.9%，氧化物含量变化小，具有稍富碱，稍贫 MgO、CaO 的特点，在碱度率图解上落入碱性岩区（相当于皮科克的碱钙性岩），均属富钾的弱过铝质碱钙性岩。从早期单元到晚期单元，具有 SiO_2 增高、全碱含量基本稳定、A/NCK 值由低→高，MgO、CaO 含量由高→低的岩浆演化特征，在碱度率图解上具有碱度逐渐增高趋势。组成合峪岩体的各个单元均具有正常的稀土元素总量、较高的轻重稀土比值以及中等–弱的铕负异常等特征，$\sum REE$ 值为 322.84×10^{-6} ~ 141.7×10^{-6}，δEu 值为 0.36 ~ 0.78，标准化稀土配分模式表现为向右倾斜的不对称的 W 型，具以壳源为主的壳幔岩浆混合特征。从早期到晚期，稀土总量由低→高→低，分馏程度由低→高，铕异常变化不大，所反映的稀土元素信息与包体所反映的地质特征吻合。微量元素含量与世界 S 型花岗岩微量元素含量相比，组成合峪岩体的各个单元均具有过渡族元素 Cr、Ni、V 低，亲石元素 Ba 高，高场强元素 Nb、Hf 高的特征。Rb/Sr 变化不大，具壳源（大于 0.5）、壳幔混合花岗岩特征（0.05 ~ 0.5），洋脊花岗岩（ORG）标准化模式与同碰撞型花岗岩类似。从早期到晚期，过渡族元素 Cr、Ni、Co、V 及亲石元素 Sr、Ba 均由高→低，高场强元素 Nb、Sc 具有由低→高→低的趋势，说明该岩体在岩浆演化过程中有幔源岩浆混染。$\delta^{18}O < 10$‰，$(^{87}Sr/^{86}Sr)O < 0.708$，具壳幔混合岩浆特征。故合峪岩体属具 I 型花岗岩特征的 S 型花岗岩，岩浆物质来自于以壳源为主的壳幔混合。

4）岩体成岩年龄

合峪花岗岩体的锆石 U–Pb、K–Ar、Rb–Sr、Ar–Ar 年龄数据多数集中在燕山期，即 116 ~ 136 Ma，也有大于 149 Ma 和小于 109 Ma 的成岩年龄或热变质年龄，说明合峪花岗岩体应为多期次侵位的燕山期复式岩体（见表 2-2）。

表 2-2　合峪花岗岩体同位素年龄测试数据

岩性	测试矿物	测定方法	年龄(Ma)	数据来源
钾长巨斑花岗岩	全岩	K-Ar	102	地质志,1989
花岗岩	全岩、钾长石	K-Ar	102	李先梓等,1993
粗粒巨斑花岗岩	全岩	K-Ar	108.53±2.64	范光等,1995
钾长巨斑花岗岩	全岩	Rb-Sr	110	李先梓等,1993
黑云母斑状二长花岗岩	黑云母、磷灰石、长石	Rb-Sr	126.3±6.3	张宗清等,2006
中细粒少斑花岗岩	全岩	K-Ar	127.09±2.85	范光等,1995
黑云二长花岗岩	黑云母	Ar-Ar 坪年龄	131.82±0.65	Han et al.,2007
黑云二长花岗岩	黑云母	Ar-Ar 等时线	132.5±1.1	Han et al.,2007
黑云母斑状二长花岗岩	全岩	Rb-Sr	133	张宗清等,2006
黑云母斑状二长花岗岩	黑云母	Ar-Ar	135.7±1.3	张宗清等,2006
花岗岩	HYI-11	SHRIMP U-Pb	108.3±2.9	李永峰,2005
花岗岩	HYI-10	SHRIMP U-Pb	115.2±3.1	李永峰,2005
花岗岩	HYI-9	SHRIMP U-Pb	115.8±3.7	李永峰,2005
花岗岩	HYI-14	SHRIMP U-Pb	116.4±2.2	李永峰,2005
花岗岩	HYI-12	SHRIMP U-Pb	124.8±2.2	李永峰,2005
花岗岩	HYI-8	SHRIMP U-Pb	125.2±2.7	李永峰,2005
花岗岩	HYI-13	SHRIMP U-Pb	125.2±2.2	李永峰,2005
花岗岩	HYI-17	SHRIMP U-Pb	125.6±2.2	李永峰,2005
花岗岩	HYI-5	SHRIMP U-Pb	125.9±2.3	李永峰,2005
花岗岩	HYI-6	SHRIMP U-Pb	126.6±2.3	李永峰,2005
花岗岩	HYI-4	SHRIMP U-Pb	126.9±2.3	李永峰,2005
花岗岩	HYI-15	SHRIMP U-Pb	129.2±2.7	李永峰,2005
似斑状黑云二长花岗岩	HY02-1	LA-ICP-MS U-Pb	130±2	郭波等,2009
似斑状黑云二长花岗岩	HY02-14	LA-ICP-MS U-Pb	130±2	郭波等,2009
似斑状黑云二长花岗岩	HY02-3	LA-ICP-MS U-Pb	131±1	郭波等,2009
似斑状黑云二长花岗岩	HY02-13	LA-ICP-MS U-Pb	131±2	郭波等,2009
花岗岩	HYI-7	SHRIMP U-Pb	131.1±2.2	李永峰,2005
花岗岩	HYI-2	SHRIMP U-Pb	131.5±2.2	李永峰,2005
似斑状黑云二长花岗岩	HY02-5	LA-ICP-MS U-Pb	133±3	郭波等,2009

续表 2-2

岩性	测试矿物	测定方法	年龄(Ma)	数据来源
似斑状黑云二长花岗岩	HY02-25	LA-ICP-MS U-Pb	133±2	郭波等,2009
似斑状黑云二长花岗岩	HY02-6	LA-ICP-MS U-Pb	134±2	郭波等,2009
似斑状黑云二长花岗岩	HY02-12	LA-ICP-MS U-Pb	134±2	郭波等,2009
似斑状黑云二长花岗岩	HY02-21	LA-ICP-MS U-Pb	134±2	郭波等,2009
似斑状黑云二长花岗岩	HY02-19	LA-ICP-MS U-Pb	135±3	郭波等,2009
似斑状黑云二长花岗岩	HY02-23	LA-ICP-MS U-Pb	135±2	郭波等,2009
似斑状黑云二长花岗岩	HY02-24	LA-ICP-MS U-Pb	135±2	郭波等,2009
似斑状黑云二长花岗岩	HY02-26	LA-ICP-MS U-Pb	135±2	郭波等,2009
似斑状黑云二长花岗岩	HY02-8	LA-ICP-MS U-Pb	136±2	郭波等,2009
似斑状黑云二长花岗岩	HY02-16	LA-ICP-MS U-Pb	136±1	郭波等,2009
似斑状黑云二长花岗岩	HY02-17	LA-ICP-MS U-Pb	136±2	郭波等,2009
似斑状黑云二长花岗岩	HY02-20	LA-ICP-MS U-Pb	136±2	郭波等,2009
似斑状黑云二长花岗岩	HY02-22	LA-ICP-MS U-Pb	136±2	郭波等,2009
似斑状黑云二长花岗岩	HY02-9	LA-ICP-MS U-Pb	137±1	郭波等,2009
似斑状黑云二长花岗岩	HY02-18	LA-ICP-MS U-Pb	137±2	郭波等,2009
似斑状黑云二长花岗岩	HY02-15	LA-ICP-MS U-Pb	138±2	郭波等,2009
花岗岩	HYI-3	SHRIMP U-Pb	148.6±2.4	李永峰,2005
黑云母二长花岗岩	锆石	LA-ICP-MS U-Pb	148.2±2.5	高昕宇,2010
黑云母二长花岗岩	锆石	LA-ICP-MS U-Pb	135.4±5.4	高昕宇,2010
黑云母二长花岗岩	锆石	LA-ICP-MS U-Pb	135.3±4.9	河南省地质调查院,2015
似斑状黑云二长花岗岩	锆石	LA-ICP-MS U-Pb	134.5±1.5	郭波等,2009
黑云母二长花岗岩	锆石	LA-ICP-MS U-Pb	133.0±1.0	河南省地质调查院,2015
花岗岩	锆石	SHRIMP U-Pb	127.2±1.4	李永峰,2005

注:引自王卫星,2010,略修改。

5) 成因机制与构造环境

郭保健等(1997)认为区内燕山期花岗岩系岩浆成因,岩浆由原岩为中基性火山岩的太华岩群岩系经部分熔融形成,上升过程中经过了上部地壳的混染,为 I 型花岗岩兼具 S 型特征。

王卫星(2010)通过岩体成因机制研究,认为合峪复式岩体投影在 I/S 型花岗岩区域内,在 ACF 图解投影在 I、S 型花岗岩分界区(见图 2-19、图 2-20),说明合峪花岗岩体属于 I 型(同熔型)花岗岩,兼具 S 型(改造型)花岗岩特征,推测岩浆在上侵就位时有地壳物质的加入。另外,合峪复式岩体的 $\delta^{34}S$ 为 2.8‰。太华岩群地层的 $\delta^{34}S$ 值为 1.3‰~5.7‰,极差 4.4‰,均值 3.2‰±0.9‰,中位数 2.9‰;熊耳群地层的 $\delta^{34}S$ 值为 2.5‰~5.4‰,极差 2.9‰,均值 4.2‰±0.6‰,中位数 4.45‰。太华岩群、熊耳群地层与合峪复式岩体的 $\delta^{34}S$ 值比较接近,推测该区花岗岩浆是由本区的地层重熔作用形成的。合峪岩体全岩 $\delta^{18}O$ 在 9.11‰~9.84‰。根据 1985 年吴利仁提出的可以利用全岩 $\delta^{18}O$(‰)值来判断花岗岩岩浆来源,当 5.7‰<全岩 $\delta^{18}O$<10‰时,花岗岩岩浆为壳幔混染型,推断合峪岩体具有壳幔混染型特征。

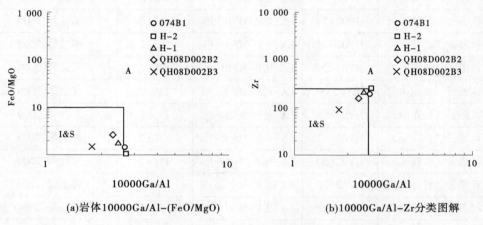

(a)岩体10000Ga/Al-(FeO/MgO)　　(b)10000Ga/Al-Zr分类图解

图 2-19　岩体 10000Ga/Al-(FeO/MgO) 和 10000Ga/Al-Zr 分类图解

(王卫星,2010,底图据 Whalen et al.,1978)

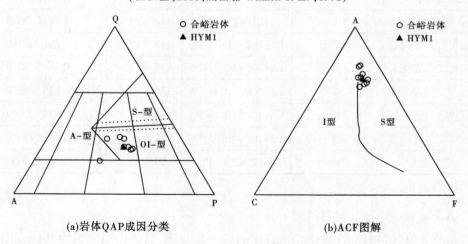

(a)岩体QAP成因分类　　　　　(b)ACF图解

图 2-20　岩体 QAP 成因分类和 ACF 图解

(王卫星,2010,底图据 P Bowden 等,1982)

　　多阳离子 R1-R2 构造环境判别图解位于同碰撞区范围内,在 Rb-(Yb+Nb) 图解落入火山弧花岗岩区,在 Rb-(Yb+Ta)、Nb-Y 图解上投点主要落在火山弧花岗岩(VAG)、同碰撞花岗岩(Syn-COLG)区,靠近板内花岗岩(WPG)区,合峪岩体具钾长石斑状结构,黑云母丰富,基本不含白云母和角闪石,副矿物组合为磁铁矿-磷灰石-榍石,内部既见到残留体,也零星见到镁铁质包体,与巴尔巴林的"富钾的钙碱性花岗岩"相当,巴尔巴林认为,该岩石类型形成于构造体质转换时期。综合认为,合峪岩体形成于秦岭造山带中生代陆内造山、在加厚的岩石圈开始减薄的时期,由底侵玄武质岩浆加热下地壳发生部分熔融形成。从岩体的边界及叶理特征判断,该岩体为主动与被动复合机制就位。

6) 与成矿的关系

合峪岩体形成时代为燕山期,具似斑状结构,岩石类型为二长花岗岩、正长花岗岩,富硅富碱,岩体内具有绿泥石化、硅化、钾化、白云母化,并伴强烈的萤石矿化,从岩石类型、岩石化学、蚀变看基本符合罗铭玖(1991)、盛中烈(1980)、肖中军(2007)总结的与钼钨有关的矿床的特征,故该岩体的末期侵入岩具有形成钼钨矿床的条件。合峪岩体第四次、第五次侵入的含小斑细粒二长花岗岩与细粒二长花岗岩是该岩体岩浆活动末期的产物,成矿作用显著,形成以钼、萤石为主的系列及与岩浆作用有关的金属、非金属矿床。充分分异的富含矿物质和挥发分的岩浆是成矿的先决条件,先期构造和围岩的隔挡作用提供了良好的成矿环境和空间,并具有早期形成高温型钼矿、晚期为低温型萤石矿及铅锌矿组合的特点。

3. 伏牛山岩体($\eta\gamma K_1 F$)

随着早期伸展作用的进一步加强,在上涌的软流圈地幔作用下,已发生过高钾钙碱性花岗岩浆抽取的源岩(可能为秦岭及扬子结晶基底)再次熔融,产生的岩浆沿着前期通道发生高度分异,形成早白垩世中期(伏牛山、石人山岩体)高度分异的I型花岗岩,该期岩体以富钾贫镁为特色,矿化较弱。伏牛山岩体分布于南部的大分水岭、石磙坪一带。

1) 地质特征

伏牛山岩体产于栾川断裂带与车村断裂带之间,平面上呈近东宽西窄的楔状,向东延出区外,该岩体南部与宽坪岩群为断层接触,北部与合峪岩体、太山庙岩体以车村断裂相隔,西部与古元古代英云闪长质片麻岩呈侵入接触,二者界线比较清楚,没有混合岩化的过渡现象。中心被早白垩世石人山岩体侵入。岩石以呈弱片麻状定向构造为典型特征,根据岩体内部岩性变化、结构构造及相互之间的接触关系,将伏牛山岩体划分为三次侵入岩,第一次侵入岩($\eta\gamma K_1 F^1$)岩性为片麻状含小斑细中粒黑云母二长花岗岩,第二次侵入岩($\eta\gamma K_1 F^2$)岩性为片麻状中斑状中粒黑云母二长花岗岩,第三次侵入岩($\eta\gamma K_1 F^3$)岩性为片麻状大斑状中粒黑云母二长花岗岩。各单元呈不规则套环式分布,以结构演化为主,脉动、涌动接触。

2) 成因及构造背景

伏牛山岩体岩石化学成分变化大,显示物质成分的不均匀性,且随着 SiO_2 增高,TiO_2、FeO、MgO 降低,呈负相关,显示同源岩浆演化特点,而 Al_2O_3 也随之降低及 Na_2O、K_2O 变化规律性不明显,反映岩浆演化复杂性。岩石化学参数 ALK 含量介于 7.43%~10.02%,K_2O/Na_2O 为 0.89~1.44,A/CNK 为 0.86~1.06,$FeO/(FeO+MgO)$ 为 0.51~0.75,δ 值为 1.74~4.18,A.R 为 2.41~3.92。在 A/NK-A/CNK 图解上,落入准铝质区,少数酸性岩落入过铝质区。综合以上特征,属准铝质-过铝质高钾钙碱性-橄榄粗玄岩系列(河南省地质调查院,2016)。岩体稀土总量∑REE 总体偏低且变化范围大,多数介于

$154.31×10^{-6}~506.05×10^{-6}$,平均$367.28×10^{-6}$,轻重稀土分馏较明显,属轻稀土富集型,δEu 变化范围大,介于 0.36~0.79,平均 0.58,多具明显 Eu 负异常,稀土配分模式表现为向右陡倾的 V 形曲线且近于平行。岩体微量元素与原始地幔相比,均有不同程度富集,其中大离子亲石元素 Rb、K 具明显正异常,Sr、Ba 负异常;高场强元素 Th 具显著正异常,U、Zr、Hf 次之,Nb、Ta、Ti 为显著负异常;相容元素 P 负异常明显。地球化学型式总体呈负斜率、峰谷相间的形态,与 J. A. Parce 所总结的碰撞型花岗岩相似,Nb、Ta 负异常及高的 Rb/Sr 比值(>0.1),显示以壳源为主的地球化学特征。

伏牛山岩体岩性单一,均为二长花岗岩,具有较高的 SiO_2、相对低的 MgO 含量和 Mg,具有较低的 Nd(t)值和古老的 Nd 模式年龄,显示出地壳来源的特征。εHf(t)值相对较低,主要集中于-9.34~-17.72,tDM2 年龄为 1 776~2 303 Ma,反映源岩主要为早元古代陆壳物质。发育有富云包体、辉长质-闪长质微粒包体发育,矿物组合中见有少量角闪石,具有壳幔混合源特征。岩体的 Hf 同位素组成虽与 Nd 同位素组成相似,但具有更大的变化范围,暗示了源区组分的变化很大,可能存在不同岩浆的混合作用。综上认为伏牛山岩体应该属于 I 型花岗岩,该岩体高硅、高钾 K_2O,亏损 Nb、Ta、P、Ti 和 Eu 等元素,指示其母岩浆经历了强烈的分异演化作用,属高度分异的 I 型花岗岩。将秦岭造山带各构造块体结晶基底、盖层的 Nd 和 Hf 同位素组成的演化趋势分别与伏牛山岩体进行对比显示,伏牛山岩体的源岩包括秦岭及扬子地块结晶基底,而与华北克拉通结晶基底相差较大(高昕宇,2012)。

早白垩世,研究区处于岩石圈加厚向伸展减薄转换时期,随着早期伸展作用的进一步加强,上涌的软流圈地幔会使岩石圈底部持续加热,从而导致过高钾钙碱性花岗岩浆抽取的源岩再次熔融。熔融产生的岩浆沿着前期通道在上升的过程中发生高度分异,形成高分异的花岗岩浆,由于岩浆定位受到车村断裂和栾川断裂左行走滑影响,形成强弱不均的片麻理。

4. 石人山岩体($\eta\gamma K_1 S$)

出露于测区东南部,龙池曼、和尚塔、石人山、尧山镇一带。

1)地质特征

位于车村断裂与栾川断裂之间,平面上呈哑铃形,与周围伏牛山岩体侵入关系明确,边界呈折线状、港湾状,伏牛山岩体内见岩枝、岩脉穿插,局部见有小岩株侵入其中,岩体内发育有围岩的捕房晶、捕房体,岩体与围岩接触面主要表现为中低角度外倾(30°~50°)、局部向内陡倾,可划分为 5 次侵入活动,各侵入体接触界面以中等角度外倾为主。组成石人山岩体的各个单元,岩性均为二长花岗岩,结构上表现为斑晶含量由多→少→无、粒径由大→小、基质由中粒→细中粒→细粒,构成从外向内以结构演化为主、成分演化为辅的岩浆演化序列。

2)成因及构造背景

石人山岩体岩性单一,均为二长花岗岩,具有较高的 SiO_2、相对低的 MgO 含量和 Mg,具有较低的 Nd(t)值和古老的 Nd 模式年龄,普遍低的 εHf(t)值和古老的 Hf 模式年龄,显示出地壳来源的特征。发育有富云包体、闪长质条带,矿物组合中见有少量角闪石,具有壳幔混合源特征。石人山岩体与伏牛山岩体有相似之处,也属于高度分异的 I 型花岗岩,其源岩同样包括秦岭及扬子地块结晶基底(高昕宇,2012)。其形成与岩石圈的早期伸展减薄、引起源岩的再次熔融有关。由于岩浆定位时车村断裂、栾川断裂左行走滑活动渐趋结束,故该岩体不具片麻理或局部显很弱的片麻理。

5. 太山庙岩体($\xi\gamma K_1 T$)

早白垩世晚期,在快速拉张作用下,形成太山庙等花岗岩,该期岩体发育晶洞、晶腺构造,钾长石、石英含量高,非常富硅、富碱,区内已发现有锡矿点,末期形成的正长花岗斑岩局部 W 含量很高,并产有斑岩型钼矿(汝阳东沟钼矿)、绢英岩化带内产有钼矿化,显示该期岩体具有寻找高温成矿元素的潜力,岩体内部的断裂带多有萤石矿化,显示该期岩体与萤石矿化密切。太山庙岩体分布于东部两河口、太山庙一带。

1)地质特征

位于车村断裂北侧,平面上呈近似椭圆形,侵入早白垩世合峪岩体、中元古代熊耳群,接触面外倾 63°~80°,处于外接触带的熊耳群局部产生 20 m 宽的角岩化,接触面呈港湾状,局部基本平整。可划分为五次侵入活动(见图 2-21),第一次侵入岩构成主体,其他各次侵入岩在多处呈偏心套叠式产于其中。岩石以钾长石、石英含量高为特征。第一次侵入岩($\xi\gamma K_1 T^1$)位于复杂岩体的边缘,岩性为中斑状中粗粒黑云母正长花岗岩;第二次侵入岩($\xi\gamma K_1 T^2$)位于复杂岩体的中北部,主体岩性为中斑状细中粒黑云母正长花岗岩,中心部位为中斑状中粒黑云母正长花岗岩,与第一次侵入岩呈脉动、涌动侵入接触,涌动侵入接触表现为二者在 2 m 范围内的迅速过渡,接触面内倾约 63°;第三次侵入岩($\xi\gamma K_1 T^3$)岩性为不等粒正长花岗岩,分布于中部车村一带,仅一个侵入体,与上述第一次侵入岩、下述第四次侵入岩直接接触;第四次侵入岩($\xi\gamma\pi K_1 T^4$)岩性为多斑状正长花岗斑岩,分布于车村一带,仅见两个小岩株;第五次侵入岩($\xi\gamma\pi K_1 T^5$)岩性为正长花岗斑岩,呈岩株状,位于复杂岩体的北部,在复杂岩体的南部也有少量产出,与第四次、第二次侵入岩之间可见明显的脉动侵入关系,界线截然,有的呈波状弯曲,有的表现为楔状插入,有的边部发育细粒边。

2)成因及构造背景

太山庙侵入岩岩石类型单一,各个单元均发育晶洞、晶腺构造,以钾长石、石英含量高为特征,缺乏定向组构,发育不等粒结构,暗色矿物含量少(<5%)且多为黑云母,局部为角闪石,成分变化范围窄,以结构演化为特点。河南省地质调查院(2016)通过区域地质调查,太山庙侵入岩岩石化学成分具富硅(SiO_2 含量平均 71.88%)、富碱(>8%)、贫铁、镁、钙的特点,且 $FeO/(FeO+MgO)$(0.60~0.74)、K_2O/Na_2O 比值大(1.24~1.50),显示经历高度的结晶分异作用(DI>87);岩石 ΣREE 总体偏低(<300×10⁻⁶),稀土配分模式为向右陡倾的、具明显负 Eu 异常的曲线,与 A 型花岗岩海鸥型有所不同;微量元素富集 Rb、K、Th、Hf、U,亏损 Ba、Sr、Nb、Ta、Ti、P 等,地球化学型式与板内花岗岩相似。前人对太山庙岩体的研究有铝质 A 型花岗岩(河南省地质调查院,2002;叶会寿等,2008)和高分异 I 型花岗岩两种认识(高昕宇,2012);当岩浆经历高度结晶分异时,其矿物组成和化学成分都趋近于低共结的花岗岩,从而花岗岩的成因分类出现困难(吴福元等,2007),如在 I-S 型花岗岩判别图解上,就出现了岩石投点部分落入 I 型花岗岩区、部分落入 S 型花岗岩区的情况;已有研究表明,准铝质-弱过铝质和过碱性花岗岩浆演化中 P 的地球化学行

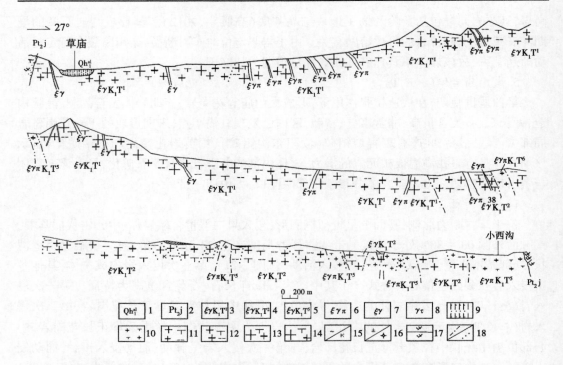

1—全新统冲积物;2—鸡蛋坪组;3—太山庙岩体第一次侵入岩;4—太山庙岩体第二次侵入岩;
5—太山庙岩体第五次侵入岩;6—正长花岗斑岩脉;7—正长花岗岩脉;8—花岗细晶岩脉;9—亚黏土;
10—正长花岗斑岩;11—小斑状细中粒黑云母正长花岗岩;12—中斑状细中粒黑云母正长花岗岩;
13—中斑状中粗粒黑云母正长花岗岩;14—多斑状中粗粒黑云母正长花岗岩;15—绿泥石化、钾化;
16—高岭土化,晶洞构造;17—英安岩;18—脉动接触关系、岩相界线。

图 2-21　草庙-小西沟太山庙岩体实测地质剖面

(据河南省地质调查院,2016,略修改)

为可用于区分 I-S 型花岗岩(李献华等,2007),本期岩体多数 A/CNK<1.1,属准铝质,
P_2O_5 含量低(多数<0.1),与 SiO_2 呈明显的线性负相关,具 I 型花岗岩分异演化特点。在
区分 A 型与分异的 I 型花岗岩的(Zr+Nb+Ce+Y)-(K_2O+Na_2O)/CaO 和(Zr+Nb+Ce+Y)-
FeO/MgO 判别图解上,样品多数投在分异花岗岩与 A 型花岗岩界线附近;高昕宇(2012)
研究表明太山庙岩体具有较低的锆石饱和温度(716~799 ℃),不支持 A 型花岗岩成因。
因此,太山庙岩体应属高分异 I 型花岗岩。

在 Rb-Yb+Ta、Nb-Y 图解上投点落在同碰撞与板内花岗岩界线附近或板内花岗岩
中,在 R1-R2 图解上多落入造山晚期,少量落入同碰撞期,且均靠近非造山;结合该时期
区域地质背景,认为太山庙侵入岩形成于扬子板块与华北陆块对接后的板内拉张环境,岩
石圈减薄诱发幔源底侵作用,导致下地壳物质部分熔融形成花岗质岩浆上侵就位。与此
同时,区域上形成了汝阳、宝丰盆地大营组钾玄岩系列火山岩(谢桂青等,2007)。

3) 与成矿的关系

太山庙岩体形成时代为燕山期,具似斑状结构,岩石类型为正长花岗岩,非常富硅、富
碱,末期形成的正长花岗斑岩成矿作用显著,形成以萤石、钼为主的系列及与岩浆作用有

关的金属、非金属矿床,构成早白垩世又一重要成矿期,大致可以分为二种成因类型:①斑岩型钼矿,以东邻区的马庙东沟超大型钼矿为代表,岩体本身矿化弱,矿体大多赋存于熊耳群火山岩中,与鱼池岭钼矿有所不同,可能与本次岩浆末期富矿流体挥发分更高以及围岩岩性、孔隙度高有关(杨永飞等,2011);②热液充填型萤石矿,多与本次岩体伴生石英脉相关,主要分布于本期第一次侵入岩边部或外部围岩中的节理、裂隙或断裂中,发现多个萤石矿床,以嵩县陈楼萤石矿为代表。总体而言,本次岩浆活动成矿作用专属性明显,富硅、富碱、挥发分的流体为成矿物质迁移提供了有利条件,先期构造和围岩的隔挡作用提供了良好的成矿环境和空间,并具有早期形成高温型钼矿、晚期为低温型萤石矿组合的特点。

2.3.2　火山岩

区内火山岩主要分布在北部及东部,主要涉及中元古代熊耳群、新元古代宽坪岩群四岔口组、新元古代栾川群,以及新近纪大安组。其中,中元古代熊耳群火山岩在区内占主要地位,岩石类型多样,从酸性到基性、熔岩类到火山碎屑岩类均有产出,以陆相火山喷发为主。

2.3.2.1　中元古代熊耳群火山岩

1. 地质特征

区内主要分布于北部烧瓦窑—木植街一带,由下而上可分为许山组、鸡蛋坪组和马家河组,以中基性和中酸性火山熔岩为主,马家河组火山碎屑岩发育。中-基性岩石主要见于许山组、马家河组,以及鸡蛋坪组二段;中酸-酸性岩类主要发育在鸡蛋坪组一段与三段。区内熊耳群火山岩岩石类型包括火山熔岩和火山碎屑岩,以熔岩类为主。主要岩石为安山岩、玄武安山岩、流纹岩、英安岩,次要岩石为玄武岩及火山碎屑岩等。

其化学成分属亚碱性高钾大陆拉斑质火山岩系列,并具富铁、贫钙、贫铝、富含大离子的亲石元素(含轻稀土元素),相对亏损高场强元素 Nb、Ta、Ti 及较低的 Ti/Zr 比值等特点,兼具有大陆边缘弧火山岩的岩石地球化学特征。与熊耳群火山活动相伴产生的有次玄武安山岩、次安山岩、次英安岩等次火山岩及角闪二长岩、石英闪长岩、闪长(玢)岩、辉绿岩等浅成-超浅成侵入岩。

2. 岩石地球化学特征

熊耳群火山岩为一系列中-基性岩类和中酸-酸性岩类。SiO_2 含量及分异指数(DI)具有比较明显的双峰式特点。TiO_2、$TFeO$、MgO、P_2O_5、CaO、MnO 含量随着 SiO_2 含量的增加而减少,Alk 含量随着 SiO_2 含量的增加而增多,Al_2O_3 含量随着 SiO_2 含量的增加变化微弱,呈缓慢下降的趋势。熊耳群火山岩具有富钾、富铁,低铝、低钙的特点,钛、镁含量较低。在 SiO_2-A. R. 图解中,多数投影到钙碱性岩石系列,仅有鸡蛋坪组个别流纹岩、英安岩、马家河组个别安山岩投影到碱性岩石系列。在 AFM 图解上,样品点在 CA(钙碱性系列)与 TH(拉斑玄武系列)两侧均有分布,且多数靠近界线。在 FeO-FeO/MgO 图解及 SiO_2-FeO/MgO 图解上,多数落入拉斑玄武岩系列范围,有少量落入钙碱性玄武岩范围内。K_2O 含量与造山带高钾安山岩、橄榄玄粗质岩石接近(河南省地质调查院,2016)。

中基性岩石富集轻稀土元素,稀土总量($\sum$Y)为 $196\times10^{-6}\sim346\times10^{-6}$,稀土配分曲线呈向右缓倾平滑曲线[见图 2-22(a)],(La/Yb)N=$6.51\sim12.41$,Eu 值为 $0.65\sim0.88$,异常不明显,表明从岩浆中分异的斜长石的比例较小。重稀土元素(HREE)含量为球粒陨石标准的 $10\sim20$ 倍。中酸性岩石中,$\sum$Y 含量为 $238\sim532\times10^{-6}$,LREE 的富集程度与镁铁质岩石相比更高[见图 2-22(b)]。(La/Yb)N=$7.65\sim11.73$,Eu 异常值为 $0.48\sim0.77$,异常比较明显。这表明中基性岩石向中酸性岩石演化分异的过程中有较大程度的斜长石分异。中酸性岩石与中基性岩石稀土配分曲线配分型式相似,这说明熊耳群火山岩的岩浆源区是均一的。

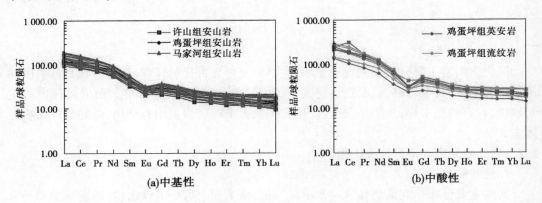

图 2-22　熊耳群中基性、中酸性火山岩稀土元素配分曲线
(据河南省地质调查院,2016;球粒陨石据 Taylor and McLennan,1985)

从微量元素蛛网图(见图 2-23)可以发现,熊耳群火山岩普遍富集 LILE 而 HFSE 则相对含量较低。Th、U 的富集程度较 Ba、K 要低得多。此外,所有的样品均显示出相对富集 Zr 和亏损 Ti、P。从熊耳群火山岩微量元素蛛网图可以看出,其微量元素特征与活动大陆边缘钙碱性火山岩、高钾钙碱性火山岩、大陆溢流玄武岩类似(河南省地质调查院,2016)。

3. 构造环境分析

熊耳期岩浆作用的时间为 $1\,750\sim1\,800$ Ma(赵太平,2004),形成时代在中元古代早期,是前寒武纪地质历史的重要转折时期,其形成构造背景对揭示秦岭造山带元古宙时期的大地构造格架和地壳演化历史有重要意义。

熊耳群火山岩岩性以熔岩为主,火山碎屑岩很少,这与显生宙岛弧火山岩相反。其可能是陆壳基底较薄,处于拉张型构造环境所导致的。区域上未见同期的俯冲杂岩、弧前盆地、弧后盆地,进一步佐证了熊耳群火山岩是被动大陆边缘裂谷环境的产物。熊耳群火山岩富含 K_2O 和 FeO,低 Al_2O_3、MgO、CaO。镁铁质岩石主要为单斜辉石、斜长石,缺少橄榄石、斜方辉石,未见角闪石、黑云母,钾主要赋存于玻璃质中。熊耳群火山岩均为亚碱性系列,属于高钾低钛型大陆溢流拉斑质火山岩。镁铁质岩石与长英质岩石的稀土配分曲线、多元素蛛网图曲线相互平行一致,并有一部分重叠,这表明岩浆物质源区基本均一,结合安山岩的 SiO_2 的含量($52\%\sim63\%$),岩浆来源只可能是地幔源区,而不是来源于结晶基底

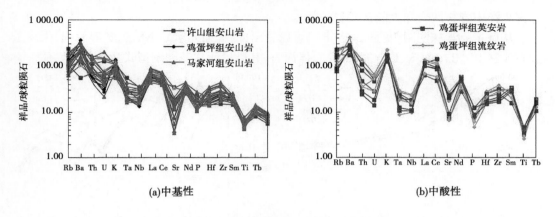

图2-23　熊耳群中基、中酸性火山岩微量元素标准化
（据河南省地质调查院，2016；原始地幔标准化值据McDonough，1992）

的深熔作用。熊耳群火山岩富含LILE和LREE，相对亏损HFSE，LILE/HFSE比值高，此外，Sm-Nd同位素组成具有同源性，同$\varepsilon Nd(T=1.76\ Ga)$值为$-4.1$及$-9.1$（赵太平，2007），表现出岛弧火山岩的地球化学特征，这可能是太古宙后发生的大规模俯冲事件导致岩石圈地幔受到俯冲组分的改造而形成的。综合以上特征，熊耳群火山岩系形成于大陆裂谷或张性环境，构造位置为大陆边缘裂谷系，是保留有俯冲带组分特征岩石圈地幔部分熔融所形成的（河南省地质调查院，2016）。

2.3.2.2　新元古代四岔口组变基性火山岩

1. 地质特征

分布于区域西南部的宽坪群四岔口组，岩石呈似层状、透镜状产出，多经历了绿片岩相-低角闪岩相的变质变形，原始火山构造多已被后期变形叠加改造，局部残留变余火山组构。岩性主要为斜长角闪片岩类，岩石呈暗绿色、深绿色，中细粒粒状变晶结构，片状-皱纹片状构造。局部保留有气孔、杏仁构造，多被压扁，拉长定向，顺片理分布。主要由角闪石（60%~85%）、斜长石（10%~25%）、石英（3%~5%）及少量绿帘石、绿泥石组成。副矿物有磁铁矿、磷灰石、榍石、金红石、锆石等，原岩为玄武岩。火山岩变质程度较深。

2. 岩石地球化学特征

在TAS图解上，样品所在区域为玄武安山岩及安山岩，以及粗面玄武岩。在（Na_2O+K_2O）-SiO_2图解上，样品多数投在亚碱性系列区，少量投在碱性系列区。在K_2O-SiO_2变异图上显示为中钾类型。在SiO_2-FeO/MgO和FAM图解上，多落在拉斑玄武岩系列区，少量落入钙碱性系列区；在更适合基性火山岩的Al_2O_3-An'图解上，所有样品点均投在拉斑玄武岩区域内。此外，根据CIPW标准矿物计算结果，宽坪群火山岩多数hy>3%，Al_2O_3含量多在13%~14%，也应属于拉板玄武系列。由此可以看出，宽坪岩群变基性火山岩总体上属拉斑玄武岩系，但同时具有钙碱性岩的某些特征。

稀土元素分析结果表明，稀土总量$\sum REE$平均值为136.58×10^{-6}，与玄武岩平均值接近。轻稀土一般为弱富集型，$(La/Yb)N$平均值为10.10，具较强的稀土分异。铕异常不明显，δEu平均值为0.89。稀土元素配分曲线[见图2-24（a）]总体为向右平缓倾斜型，具有富集洋中脊玄武岩和大陆玄武岩的特点。

从微量元素蛛网图[见图2-24(b)]可以看出,高场强元素U、Nb、P、Y等亏损,大离子亲石元素Rb、Ba、Th、K、La、Ce富集,总体而言,其微量元素蛛网图型式显示过渡性质。

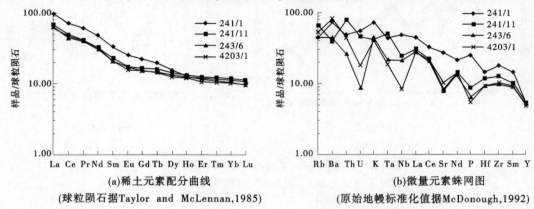

(a)稀土元素配分曲线
(球粒陨石据Taylor and McLennan,1985)

(b)微量元素蛛网图
(原始地幔标准化值据McDonough,1992)

图2-24　四岔口组火山岩稀土元素配分曲线及微量元素蛛网图
(据河南省地质调查院,2016)

3. 构造环境分析

宽坪群火山岩属中钾拉斑玄武岩系列,稀土配分曲线具有洋岛碱性玄武岩特征,多元素蛛网图特征与富集洋中脊玄武岩类似。而Hf/3-Th-Ta与Zr-Zr/Y图解显示构造环境可能为板内环境或弧后拉张小洋盆环境。综合分析,认为宽坪群变火山岩形成于弧后拉张小洋盆环境(河南省地质调查院,2016)。

2.3.2.3 新近纪大安组火山岩

1. 地质特征

大安组零星出露于北东侧木植街一带,与下伏熊耳群火山岩为角度不整合接触,上覆第四系。主要岩性为一套灰黑色、黑褐色橄榄玄武岩。岩石具斑状结构、块状构造、气孔构造。斑晶为橄榄石,粒径为1~5 mm,少数可达1 cm,含量约10%。基质为玻璃质,岩石具伊丁石化、蛇纹石化。底部为不稳定砂砾岩。

2. 岩石地球化学特征

TAS图解中,位于粗面玄武岩与玄武质粗面安山岩的界线附近;An-Ab'-Or图解,位于钾质系列。TiO_2含量为2.14%,与夏威夷碱性玄武岩类似。SiO_2含量为50.44%,与平均大洋MORB相似,里特曼指数(δ)为6.15,为碱钙性或碱性系列岩石。在硅碱图中显示为碱性岩石系列。

大安组火山岩$\sum$REE为251.50,其中,(La/Yb)N比值为13.58,轻稀土元素相对于重稀土元素强烈富集[见图2-25(a)]。铕异常不明显,δEu值为0.85,这可能是由于辉石的结晶抵消了斜长石结晶引起的铕负异常。

从微量元素蛛网图[见图2-25(b)]可以看出,大安组橄榄玄武岩富集大离子亲石元素K、Rb、Ba,高场强元素Nb、Ta亏损不明显,这可能与受俯冲作用改造过的岩石圈地幔物质的混染有关。

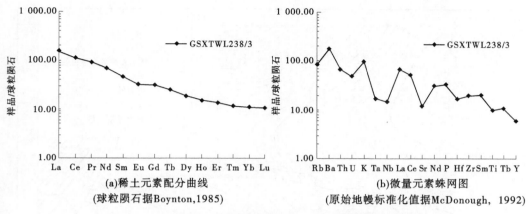

(a)稀土元素配分曲线　　　　　　　　(b)微量元素蛛网图
(球粒陨石据Boynton,1985)　　　　(原始地幔标准化值据McDonough, 1992)

图 2-25　大安组火山岩稀土元素配分曲线及微量元素蛛网图

（据河南省地质调查院,2016）

3. 构造环境分析

河南区测队（1964）、河南区调队（1981）及河南地质矿产局（1989）都对大安组进行过研究,对在汝阳杜康村所采样品进行的 K-Ar 进行同位素分析,得到年龄值分别为 10.0 Ma、7.9 Ma、6.0 Ma。按照距今 5.33 Ma 为中新近纪的分界,大安组形成时代应为中新世。在 Ti/100-Zr-3Y 图解及 Zr/Y-Zr 图解中,大安组玄武岩位于板内玄武岩区域内。结合本区构造演化历史,认为大安组火山岩形成于陆内环境,但岩浆的构造位置靠近陆缘,在一定程度上受到了地幔物质的混染（河南省地质调查院,2016）。

2.4　区域地球物理特征

2.4.1　1:20 万重力特征

区域上重力异常以扭曲带为主,北西向梯级带规模最大（见图 2-26）,其宽度为 15 km,梯度值为 $4×10^{-5}$ ms^{-2}/km,其他次级梯级带较为宽缓,可分为数条,梯度值为 $(1~2)×10^{-5}$ ms^{-2}/km。

在区域重力场中,区内存在着近东西向重力低、重力高异常带,但其中仍能显示有北北东向重力低和重力高异常及北北东向重力梯阶带,以近北西向连续的负异常带为主,其中也间隔着正异常带,这与北西向主体构造形迹基本一致。车村断裂总体位于重力低异常带上,栾川断裂在布格重力异常平面图上反映不明显,花岗岩分布区为明显的重力低值区,而熊耳群火山岩明显分布重力低向正常重力梯度带上。

2.4.2　1:20 万航磁特征

从 1:20 万区域航空磁力（ΔT）等值线平面图上（见图 2-27）,区域上南部（栗树街、车村、二郎庙）以正磁异常为背景,磁场强度一般为 0~200 nT,最大值 600 nT,磁异常呈北西西向带状展布,其长轴方向与区域构造线基本一致,这与区域重力异常展布特征相似,主

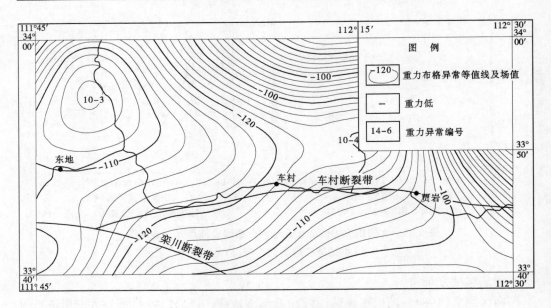

图 2-26 区域布格重力异常平面图

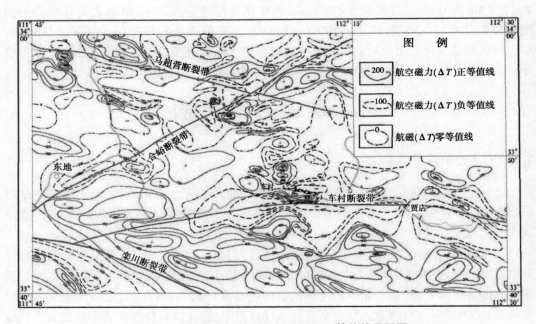

图 2-27 研究区 1:20 万航空磁力 (ΔT) 等值线平面图

要由花岗岩引起;北部(合峪、木植街)以北东向负磁异常为背景,磁场强度一般为 0~200 nT,最小值达-500 nT,多由火山岩及断裂带引起。表现最明显的是负磁异常与区域性断裂带展布方向一致,如车村—贾店一带的负磁异常与车村断裂带一致;栾川断裂带位于栗树街幅西南部负磁异常与正磁异常的转换部位;马超营断裂带与北部负磁异常带一致;合峪断裂带明显与北东向的负磁异常一致。区域上异常较为平稳,但在栗树街、庙湾、靳村附近异常跳跃较剧烈。

2.4.3 1:5万地磁特征

由合峪地区1:5万区域地质矿产调查高精度磁测 ΔT 等值线平面图可知,区域上以正、负磁场相伴生为主,总体磁场强度呈现出南高北低、西高东低的特征。受不同地质体及构造的影响,区内形成的 ΔT 磁异常大部分呈南正北负的特征,总体分布显示了以南北向为主,分带不明显,局部杂乱的特征。

根据磁场分布特征,可划分为4个分区,其中Ⅰ号区为低值区,分布在测区的东北部,磁场强度相对较低,大面积变化较为平缓,在东部的车村—黄土岭、中北部的下沟—荃菜凹一带磁场强度较低且变化剧烈,对应的是熊耳群鸡蛋坪组的安山岩。熊耳群鸡蛋坪组的安山岩 ΔT 磁场相对较低,主要以负磁场为主,负磁异常一般面积较小,梯度大。在车村以南地区伏牛山岩体表现为负磁场的特征,这与伏牛山岩体中有磁性的角闪石含量较少有关。Ⅱ号区为正常场区,分布在测区的西北部,磁场强度在 $(-100\sim100)\Delta T$,变化范围较小、对应的是合峪岩体。合峪岩体形成低背景上分布多处面积小、磁场强度高的正磁异常,这主要是合峪岩体内部含磁性不均匀所形成的。Ⅲ号区为高值区,分布在测区的南部,磁场强度在 $(100\sim400)\Delta T$,西端对应的是伏牛山岩体,东端对应的是石人山岩体。伏牛山岩体和石人山的花岗斑岩因局部含磁性矿物较多表现为正磁场,主要为埋藏较大的含磁性矿物较多的岩石引起的,局部地区磁铁矿富集成矿。Ⅳ号区为低值区,分布在测区的西南角,面积较小,磁场强度在 $(-400\sim100)\Delta T$,是老君山岩体的反映(见图2-28)。本次研究区范围跨越Ⅰ、Ⅱ号磁场分布区。

区内共圈出 ΔT 磁异常43个。其中乙类异常(成矿条件有利,值得进一步工作)3个、丙类异常(性质不明)10个、丁类异常(由地层或岩体引起,无找矿意义)30个(见图2-28)。区内 ΔT 磁异常总体呈北西或北东向带状展布,其长轴方向与区域构造线基本一致。这些磁异常与区内构造和地层分布关系密切,异常长轴多为近东西向和北西西向,或沿地层或构造带呈串珠状分布。

根据区内不同地质作用及物性条件下引起不同磁异常的特点,全区共推断划分出11条断裂带,构造主要以北东向和北西向为主,其中西北东南向7条,东北西南向2条,东西向1条,南北向1条(见图2-29)。

(1)F4断层。

F4断层呈西北—东南向展布。高精度磁测 ΔT 等值线平面图上表现为异常特征截然不同的两种磁场的分界,地质图显示该断层处于合峪岩体黑云母二长花岗岩内,从西南到东北依次为大斑中粗粒、中斑中粒、含小斑中粒的黑云母二长花岗岩。在磁异常图上显示,西南侧为相对高的正值异常,西北角为相对低的负值异常。该断裂穿过HC-1(丙)、HC-2(丙)、HC-5(丙)、HC-11(丙)4个磁异常。

(2)F7断层。

F7断层呈西北—东南向展布。高精度磁测 ΔT 等值线平面图上表现为异常特征截然不同的两种磁场的分界,地质图显示断裂东北侧为伏牛山岩体片麻状含小斑细中粒黑云母二长花岗岩,东南侧为宽坪岩群四岔口岩组。断裂东南端南侧出现有老君山岩体中斑

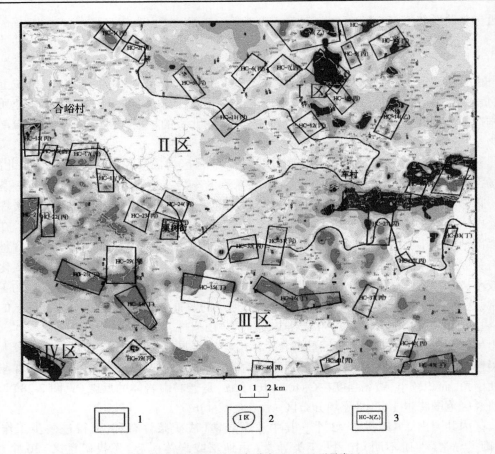

1—高磁工作区;2—地磁场分布区;3—地磁异常区。

图 2-28　合峪地区 1:5 万区域地质矿产调查地磁 ΔT 等值线平面图及异常图

中粒黑云母二长花岗岩,该断裂与已知栾川断裂基本重合。在磁场图上显示,断裂东北部出现 ΔT 正磁异常,西南部为相对稳定的正磁场区。

(3)F8 断层。

F8 断层呈近东西向展布。高精度磁测 ΔT 等值线平面图上表现为异常特征截然不同的两种磁场的分界,地质图显示该断裂为车村断裂带,在栗树街被 F6 断裂错断,断裂西侧为伏牛山岩体和合峪岩体分界线,北侧为合峪岩体,南侧为伏牛山岩体。东侧车村附近为太山庙岩体和伏牛山岩体分界线,北侧为太山庙岩体,南侧为伏牛山岩体,在车村东部出露有大型的萤石矿。在磁场图上显示,断裂东端经过的地方均为负磁异常;断裂南侧为较平稳的负磁异常,推测为片麻状中斑状中粒黑云母二长花岗岩反映;断裂北侧为杂乱的正负相间的磁异常,是该断裂在形成过程中岩石退磁的具体表现;在断裂东端交汇有 F2、F10、F11 推测断裂,并圈定有化探异常 25-乙$_3$,磁异常图上也圈定有 HC-20(乙)异常,推测该位置找矿潜力较大。

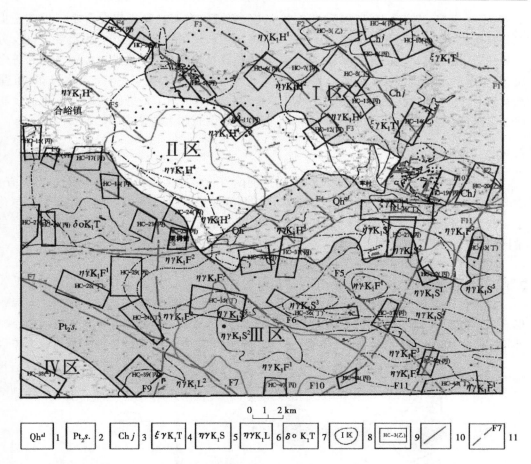

0 1 2km

| Qh^{al} | 1 | Pt$_2$s. | 2 | Chj | 3 | ξγK$_1$T | 4 | ηγK$_1$S | 5 | ηγK$_1$L | 6 | δοK$_1$T | 7 | Ⅰ区 | 8 | HC-3(乙) | 9 | / | 10 | F7 | 11 |

1—全新统冲积物;2—四岔口岩组;3—鸡蛋坪组;4—太山庙岩体正长花岗岩;5—石人山岩体二长花岗岩;
6—老君山岩体二长花岗岩;7—天桥沟岩体石英闪长岩;8—地磁场分布区;
9—地磁异常区;10—已知断裂;11—推测断裂。

图 2-29 合峪地区 1:5 万区域矿产调查地磁 ΔT 推断解释图

2.5 区域地球化学特征

2.5.1 地层、岩体地球化学特征

根据区域化探资料分析,区域北部熊耳群火山岩分布区,发育 Au、Ag、Cu、Pb、Zn、W、Mo 为主的综合异常,单元素异常表现为规模大、强度高、浓集中心明显的特点,综合异常表现为元素组合复杂并彼此套合的特点,是寻找 Ag、Cu、Pb、Zn、Mo 等多金属矿产的有利地区;中元古界宽坪岩群四岔口岩组 Cu、Bi 呈富集分布,W、Mo 呈高背景分布,其他元素正常背景分布,是寻找 Cu、Mo 等中高温热液型矿产的有利地区;古元古代变质侵入岩中 Au、Cu 呈富集分布,Ag、Pb、Zn、Mo 呈高背景分布,是寻找 Au、Ag、Pb、Zn、Cu、Mo 等多金属有利地区;中元古代正长花岗岩中 Mo、W、Cu、Pb 存在局部富集现象,结合元素组合特

征看,是寻找 Mo、W、Cu、Pb 等多金属矿产的有利地区;在车村断裂带北合峪一带白垩世二长花岗岩中 W 呈高背景分布,Au、Ag、Mo、Bi、Hg、F 呈极强分异分布,从元素组合及分布特征看,该岩体中 Au、Ag、Mo、F 等元素存在局部富集现象,是寻找 Au、Ag、Mo、F 等金属、非金属的有利地区;太山庙一带早白垩世正长花岗岩中 Mo、W、Sn 呈富集分布,Bi 呈高背景分布,Au、F 呈极强分异分布,该岩体是寻找 Sn、Mo、Au、F 等矿产的有利地区。本研究区范围内发现多条含矿构造均分布在合峪及太山庙两大岩体之中。

2.5.2　地球化学异常

根据 2015 年河南省地质调查院提交的《河南省合峪地区 1:5 万区域地质、矿产调查》中开展的 1:5 万合峪地区水系沉积物地球化学测量成果,在合峪地区圈定出 39 个地球化学综合异常,其中甲类异常 11 个,乙类异常 22 个,丙类异常 6 个。研究区位于 F 组合异常区,成矿地质背景好。

主要异常特征如下。

2.5.2.1　14-甲$_3$ Cu、F、Mo 异常

异常位于栾川县合峪镇竹园沟—大干沟一带,异常元素组合以 Cu、F、Mo 为主,异常形态呈不规则状,异常元素套合较好,规模大,强度高,Cu、F、Mo 均具浓度分带的内、中、外带(见图 2-30)。特别是在萤石矿附近,氟、铜、钼均具浓度分带的内、中、外带, 为矿致

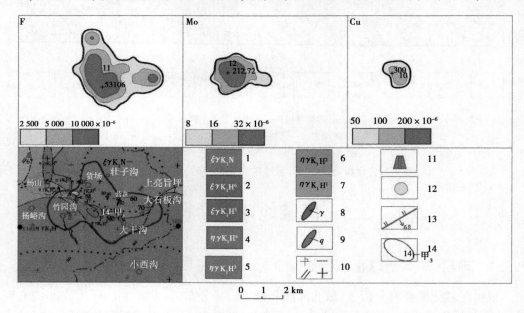

1—中斑状粗粒黑云母正长花岗岩;2—细粒黑云母正长花岗岩;3—细粒黑云母二长花岗岩;
4—含小斑细中粒黑云母二长花岗岩;5—含中斑中粒黑云母二长花岗岩;6—中斑中粗粒黑云母二长花岗岩;
7—大斑中粗粒黑云母二长花岗岩;8—花岗岩脉;9—石英脉;10—含中斑中粒黑云母二长花岗岩;11—萤石矿点;
12—钼矿点;13—实测逆断层;14—综合异常及编号。

图 2-30　14-甲$_3$ 异常剖析图

异常。该异常区内萤石矿化极其发育,已知萤石矿点有竹园沟萤石矿、杨山苇园沟萤石矿、杨山萤石矿等,是寻找萤石矿的有利地区。在寻找萤石矿的同时,还需注意寻找钼、铜多金属矿产,该区具有较好的萤石、铜、钼找矿前景。本次研究典型矿床杨山萤石矿就位于 14-甲$_3$ Cu、F、Mo 异常内。

2.5.2.2　16-乙$_3$ Sn、Pb、Zn、F 异常

异常位于嵩县车村镇大窄沟—良茶庵一带,异常元素组合以 Sn 、Pb 、Zn 为主,并伴有 F 异常。异常形态呈不规则状,异常元素套合较好,规模大,强度高,Sn、Pb、F 均具浓度分带的内、中、外带,Zn 具浓度分带的中、外带(见图 2-31)。铅锌套合较好,可能由局部矿化引起,异常南部是寻找锡、铅锌的有利地区,异常北部是寻找萤石矿的有利地区。异常区内有清叶沟铁矿,矿体受断裂带控制,围岩为鸡蛋坪组安山岩,矿体呈脉状,矿体长100~170 m,平均厚5.17 m,平均品位 Tfe 29.15%,矿石量32.01 万 t。

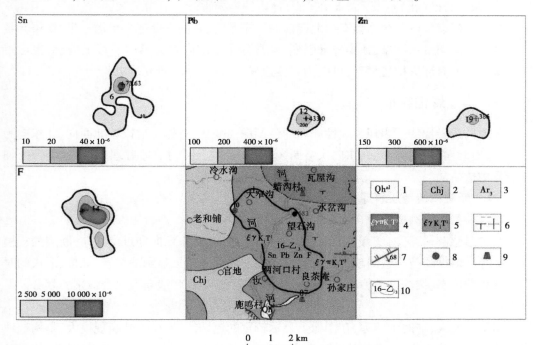

1—全新统冲积物;2—鸡蛋坪组;3—太华岩群;4—不等粒正长花岗斑岩;5—中粗粒黑云母正长花岗岩;
6—黑云母正长花岗岩;7—实测逆断层;8—萤石点;9—铁矿点;10—综合异常及编号。

图 2-31　16-乙$_3$ 异常剖析图

2.6　区域遥感地质特征

河南省地质调查院在《河南省合峪地区 1:5万区域地质、区域矿产调查》项目中开展了合峪地区 1:5万遥感地质解译工作。研究区位于豫西地区,岩浆活动强烈,地质构造复杂,是重要的成矿区带,遥感异常特征较明显。

2.6.1　ETM 数据铁染异常分布特征

区内铁染异常的分布与断层、岩体的分布关系密切,特别是在侵入体的内外接触带或断裂构造交汇部位常见。显示该地区成矿作用主要受控于岩体外接触带和侵入残留顶盖、次级劈理、断层密集带。铁染异常对断裂带、成矿有利部位具有较好的指示性。异常较高地区、岩体侵入环形缓冲地区、次级构造发育部位重叠地区是重要的成矿区带。

从遥感铁染异常信息提取图上,区内铁染异常晕呈星点状,分布不均匀,其中车村幅、合峪幅、栗树街幅铁染异常反映较为强烈,木植街地区铁染异常蚀变晕总体上较弱,局部较强,二郎庙幅遥感铁染异常蚀变晕非常强。根据铁染异常蚀变晕的强弱进一步划分为一级、二级和三级,这与遥感影像解译图上红色、黄色、紫色色调基本相吻合。特别是在本地区萤石矿床、矿(化)点及萤石矿堆(渣)地段铁染异常晕一般为三级。

在车村断裂带以北合峪幅车村北部前湾—东干沟,合峪东北部大干沟一带,铁染异常呈北西—南东向带状展布,铁染异常强烈,异常分布范围内多为第四系黄土盖层,在遥感影像解译图上有环形构造呈现,可能为岩体边界线,需进一步研究。

2.6.2　构造影像特征

区内构造影像特征表现为线性相间的色调深浅变化,总体构成以近北西向、北东向为主,以近南北向、东西向、北北东向次级断裂、侵入岩体引起的节理劈理、断裂密集带为辅的主要构造格局。

2.6.2.1　断裂构造地质解译

1. 断裂构造的级别划分

通过遥感解译,区内发育的断裂有北西向、北东向、近东西向和近南北向,断裂的规模大小不等。根据断裂构造的现有资料及以它们在遥感图像上显示的位置、规模、形成的时代及展布的形态,按深度的特征类型进行深断裂、大断裂和一般断裂三个级别的划分。

1) 深断裂

切割深度大,空间延伸远,在图像上显示较宽的色调线带,反映断裂规模大,是构造地质构造单元的分界线、为重要的控矿和成矿带,具长期和继承性发育的大断裂带,并形成明显的地貌差异。栾川断裂为一级边界断裂,断裂规模大,在遥感影像图上呈明显的线状影像,局部呈舒缓波状弯曲,地貌上为地形陡变带,常形成陡壁、陡坎、山垭、断层崖、断层三角面及线状沟谷。

2) 大断裂

切割深度较大,空间延伸有一定的距离,达几百千米以上,一般构成级次构造和地貌单元,控制着岩浆和成矿的分带性,在遥感图像上显示延伸很长的线状色调。车村断裂及马超营断裂,断裂规模较大,在断裂两侧岩石脆性变形强烈,常形成几十米至几百米宽的构造碎裂岩带;车村断裂在车村镇以东遥感影像图上线性影像明显,在木札岭一带具两组线性影像交汇,沿断裂发育断层三角面及断层崖,在车村镇以西,断裂通过处为地形转换部位,线性影像明显向南西方向转向,至铜河一带复合到北西向线性影像之上。

3)一般断裂

受深断裂、大断裂控制的级次断裂,分布在级次地质构造单元内,规模小,空间延伸为几千米至十余千米,在遥感图像上显示延伸较短的线性色调。北西向及北东向断裂特征在遥感影像图上标志清楚,与各种蚀变信息关系密切,具有良好的导矿、控矿和成矿条件。

2. 断裂构造与矿产的关系

从遥感图像中所显示的大量线性构造信息来看,区内不同级别、不同方向和不同性质的断裂构造非常发育,这些构造为热液活动、成矿元素的运移、富集提供了良好的条件。通过影像解译,发现大多数已知矿区、矿(化)点大多数分布在不同级别的断裂构造带中,特别是主干断裂与次级断裂交汇部位,或两组不同方向的同级断裂交汇部位往往是各种矿床、矿(化)点的聚集地。由此可见,不同规模的断裂构造对各种矿产的形成、分布起着重要的控制作用。区内深、大断裂具有切割深、线性色调明显,延伸长、多期活动的特征。这些部位常是成矿元素迁移、富集的场所,它不但对成矿带的分布范围有重要的控制作用,而且对矿田和矿床的赋存部位都有重要的影响,同时也是矿化蚀变信息提取的重要标志。

2.6.2.2 环形构造地质解译

环形构造或称环形影像,是地壳在一定深度反映到地表上的一种自然地貌地质景观、地质构造和地球物理场、地球化学场等特征的总体反映。通过环形构造影像地质解译,发现测区内环形构造的形成主要受控于岩体的侵入作用造成的环形构造宏观地貌展布形态,环形构造是该地区岩体、隐伏岩体在地表形态上的重要反映。环形构造外围缓冲地带次级构造密集区与小型断裂构造发育地区的圈定,对指示成矿有利部位具有重要意义。

1. 环形构造的影像特征

环形构造是地质作用的产物,不同的地质作用生产不同的形态、类型、组合方式的环形构造。遥感图像上显示环形构造色调的深浅、清楚与模糊、色带的宽窄,反映岩体的出露与隐伏。岩体出露地表越好,环形色带或环形色块(斑)的色调越浅,影像特征清楚。

不同地区环形构造发育的程度,反映岩浆活动的强弱,单个环形构造反映单个岩体存在,环形构造密集发育地段,说明岩浆活动相当强烈,生存较多的侵入体。合峪—车村一带环形构造极其发育,影像上显示环形构造不但大,而且环套环,说明岩浆活动发育,并有不同期次的岩浆活动发生。本次工作共圈出21个环形构造,分布于木植街禅堂村、傅家庄百栗树、翟沟、干沟,车村小梅花沟、大梅花沟,尧山镇租世岭、赵村银硐高坡、诗沟,栗树街上烧人场、伏牛山等地,这些环形遥感异常不但规模大,有时还出现环套环的异常现象。这些异常现象都是地表或地下小岩体引起的,个别可能为含矿破碎带引起的环形构造。如栗树街上烧人场多金属矿、木植街禅堂村铅锌矿发育在环形构造带内,这些现象在地表或地下均发育有斑岩体和与斑岩体有关的小型金属矿产。在环形遥感异常内部或边部常发育有放射性水系或次级断裂。

2. 环形构造与矿产的关系

区内已知的多(贵)金属矿区、矿(化)点很多分布在环形构造的边缘,明显受环形构造的控制。这是因为在绝大多数的环形构造边界,往往放射性断裂发育,多是构造裂隙破碎地带,同时又是岩体与围岩的侵入界面,交代、蚀变、多期变质变形等地质作用的强烈地段。此外,环形构造本身还具有一定的圈闭特性,它对矿液的运移富集起控制作用。因此,在环形构造发育地区找矿是有利区域,特别是环形构造被断裂构造相切、相交部位是成矿最有利的部位。

2.7　区域矿产

研究区地处华北陆块南缘,地质构造复杂,岩浆活动强烈,具有优越的成矿地质条件,是我省乃至我国重要的矿产基地之一,矿产资源十分丰富。区内矿产种类齐全、类型众多,分布有一系列大中型金、银、铅、锌、铜多金属矿床,成因类型主要有热液型、构造蚀变岩型、斑岩型、沉积变质型、石英脉型等。根据燕长海等(2009)成矿区带划分方案,区内矿产以栾川断裂带为界,南部为北秦岭多金属成矿带,北部为华北陆块南缘成矿省,后者又以马超营断裂带为界,北部为华北陆块南缘多金属成矿带,南部为华北陆块南缘褶皱带多金属成矿带(见图 2-32),成矿地质条件极为有利。区内矿产分布明显受控于地质构造单元,其中栾川断裂带是钼、金、银、铅、锌等矿产的主控构造,马超营断裂带控制了区内金矿的分布。

区内金属矿(床)以金、银、铅、锌、钼、铁等内生矿产为主。区内金、银、铅及多金属矿点及地球化学异常的分布组合规律,有两大明显特点:就地域而言,以大竹园—大章向形构造轴部为界,南部主要为铅、萤石,分散流异常以 Au、Ag 和高温元素组合为主。北部以铜、铅矿为主,分散流异常为 Ag、Pb、Zn 等中低温元素组合。就构造控制作用而言,构造断裂相对集中发育的北东—北北东向构造带控制了大部分主要多金属矿区(点)和矿化异常的分布。

研究区处在熊耳山—外方山金、银、铅、锌地球化学异常带上,元素组合复杂,有 Au、Mo、Ag、Pb、Bi、W、Ba、F、Cu、Sn、Hg、Zn、Sb、Cd、As 等。其中,以 Au、Mo、Pb、Bi 异常和 Pb、Zn 异常面积最大,强度最高,分别形成 Au、Mo、Ag 和 Pb、Zn 的浓集中心,已发现金、银、铅、钼大中型矿床多处,矿点近百处,是河南省主要的金钼成矿带。沿马超营断裂带,形成 Au-Ag-Pb-Zn-Mo-Bi 等多元素的综合异常,Ag、Pb、Zn 元素异常套合较好。异常受控于燕山期浅成相酸性斑岩体,不同类型的岩体与岩体的不同部位分别形成金、银、钼、钨、铅、锌、铁、铜、锌、硫等矿体,构成一个完整的成矿系列,沿断裂已发现了众多金属矿床。非金属矿产中,白云岩、萤石、玻璃用砂、辉绿岩、花岗岩等不仅拥有一些探明的大型矿床,而且具有巨大的潜在优势。

区内萤石矿产资源丰富,萤石矿(床)点多分布在燕山期合峪、太山庙花岗岩体的边部及与围岩的内外接触带。区内萤石矿产主要分布在栾川合峪柳扒店、嵩县车村、汝阳南

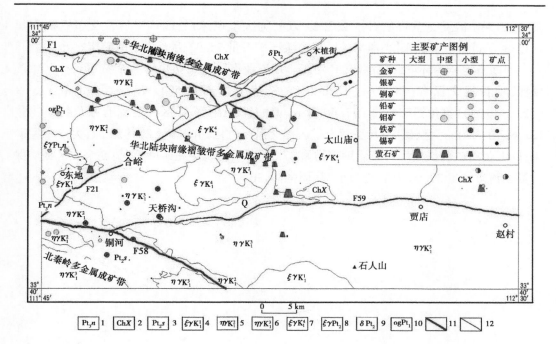

1—南泥湖组;2—熊耳群;3—四岔口岩组;4—早白垩世第一期正长花岗岩;5—早白垩世第二期二长花岗岩;
6—早白垩世第三期二长花岗岩;7—早白垩世第四期正长花岗岩;8—中元古代正长花岗岩;9—中元古代闪长岩;
10—古元古代变质变形侵入岩;11—区域性断裂带;12—一般断裂带;F1—马超营断裂带;F21—合峪断裂带;
F58—栾川断裂带;F59—车村断裂带。

图 2-32 豫西合峪地区矿产分布示意图

部与这些花岗岩基有关的地区,发育有栾川柳扒店、杨山、马丢及嵩县陈楼、桃阳沟、竹园沟等大中型萤石矿床,还有众多的萤石矿点,构成了整个区域性成矿带。合峪柳扒店一带萤石矿点达十几处,产于花岗岩的北东和近南北方向的裂隙中。栾川柳扒店大型萤石矿床共有萤石脉 20 多条,长 66~522 m,厚 0.33~1.38 m,氟化钙 41.90%~87.76%,属燕山期中低温热液矿床。嵩县车村萤石主要赋存于车村大断裂旁侧的次级断裂和熊耳群火山岩中,矿脉走向以东西向的陈楼萤石矿为主,外围小矿点多为北东和北西向,已发现和开采的矿床矿点有 20 多处,其中陈楼—南坪为一提交有勘探储量 282 万 t 的大型萤石矿;汝阳南部萤石矿分布于太山庙花岗岩内和其围岩熊耳群火山岩的裂隙中,拥有松门、隐士沟、何庄、皇路、靳村石板沟等点数处,该处的萤石成矿带向东延入鲁山境内。

此外,近年来对区内萤石矿开展了河南省地勘基金项目及企业自筹资金的地质勘查工作。在嵩县车村深部及外围,共发现萤石矿脉 9 条,长 650~1 100 m,厚 1.00~4.50 m,CaF_2 品位 22.63%~90.00%。经初步估算,可预获 CaF_2 矿物量 249 万 t,达到大型萤石矿床规模(周强等,2015)。另外,据新华社记者李亚楠(2017)报道,由河南省地矿局第一地质勘查院承担的洛阳氟钾科技股份公司自筹资金完成嵩县萤石资源整合后设立的地质勘查项目——"河南省嵩县萤石矿资源整合矿区生产勘探",提交萤石矿石量 380.59 万 t,

其中:中兴矿区提交萤石矿石量 203.24 万 t,为大型矿床;竹园沟矿区提交萤石矿石量 151.43 万 t,为中型矿床;小涩沟矿区提交萤石矿石量 25.92 万 t,为小型矿床。

河南省地矿局环境二院承担的"洛阳丰瑞氟业有限公司栾川等 8 个萤石矿矿区生产勘探"项目提交保有(111b)+(122b)+(333)萤石矿石量 574.88 万 t、保有(111b)+(122b)+(333)氟化钙矿物量 277.66 万 t。其中,杨山萤石矿区提交保有氟化钙矿物量 121.62 万 t,为一大型矿床;马丢萤石矿区提交保有氟化钙矿物量 81.81 万 t,为一中型矿床;砭上萤石矿区提交保有氟化钙矿物量 37.23 万 t,为一中型矿床;其他 5 个矿区提交保有氟化钙矿物量 37.00 万 t,均为小型(周强等,2017)。

3 典型矿床地质特征

豫西地区萤石矿主要为热液充填型矿床,已发现的萤石矿主要产于车村断裂带北侧,合峪、太山庙花岗岩基的内外接触带上的 NE、NW 向断裂带中(见图 3-1)。根据区内萤石矿产出位置,可划分为花岗岩基内部、花岗岩基外接触带、火山岩内部以及小侵入岩体附近伴生型四种类型。其中,以产出花岗岩基内部为主,如栾川柳扒店、马丢、杨山等萤石矿床;产于合峪、太山庙花岗岩基与熊耳群之间的接触带的萤石矿以嵩县小涩沟、千洋沟、栾川砭上为代表。

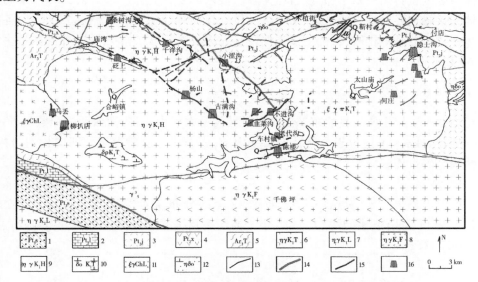

1—四岔口组云母石英片岩;2—龙家园组白云岩;3—鸡蛋坪组流纹岩;4—许山组安山岩;5—太华岩群片麻岩;
6—太山庙花岗岩体;7—老君山花岗岩体;8—伏牛山花岗岩体;9—合峪花岗岩体;10—石英闪长岩;
11—龙王幢花岗岩体;12—石英二长闪长岩;13—地层界线;14—断层;15—萤石矿脉;16—萤石矿床。

图 3-1 豫西地区萤石矿资源分布图(据邓红玲等,2017 修改)

本次研究区庙湾—竹园萤石矿主要集中分布于合峪花岗岩基的内外接触带上,其中杨山萤石矿和砭上萤石矿矿床规模达到大中型,并分别产出花岗岩基内部、花岗岩基外接触带两个不同的部位,对区内萤石矿床研究具有典型的代表性。据此,本次研究着重选择杨山、砭上萤石矿作为典型矿床,开展成矿学研究,研究其地质特征、矿体特征、矿石物质组成、矿石类型、成矿物理化学条件、成矿期次阶段、围岩蚀变、稀土微量、稳定同位素等矿床地球化学特征,结合成矿年代学特征,总结成矿作用、成矿规律,为成矿预测提供依据。

3.1 杨山萤石矿床

杨山萤石矿位于豫西南萤石矿成矿带(ⅢF-7)(王吉平等,2015),该成矿带是我国重要的萤石成矿带之一,分布着陈楼、杨山、柳扒店等大中型萤石矿床。

杨山萤石矿床大地构造位于华北板块南缘,华熊台隆外方山断隆区。区域出露地层主要为前寒武纪太华岩群变质基底,岩性主要为斜长角闪片麻岩、混合片麻岩等;中元古界熊耳群火山岩系,岩性主要为安山岩、流纹岩等;中元古界官道口群,岩性主要为白云岩;新元古界宽坪群,岩性主要为云母石英片岩。中元古界熊耳群地层与太华岩群及古元古代变质变形侵入岩为断层接触(见图3-1)。

受区域性黑沟—栾川断裂带和马超营断裂带影响,区内断裂构造发育,南部主要为近EW向的马超营断裂和车村—鲁山断裂,中部和北部为一系列NE向、NWW向断裂互相交织呈网状。区内岩浆活动强烈,岩浆岩分布广泛,主要表现为中元古代熊耳期的火山喷发(溢)及熊耳晚期、华力西期和燕山期的岩浆侵入(姚书振等,2002),其中燕山期合峪花岗岩体与区内萤石矿关系密切,该岩体为多次侵入的复式岩体(李永峰,2005),不同期次侵入体的接触边界处可见冷凝边、暗化边及侵入流面等现象,侵入接触关系明显,各期次侵入体矿物成分基本相同,岩性主要为似斑状或斑状黑云母二长花岗岩,年龄数据多集中于116~136 Ma。

3.1.1　矿床地质特征

杨山萤石矿位于栾川县北东部杨山村桃园沟—大干沟一带,南西距栾川县城50 km,西距合峪镇8 km。矿区位于合峪花岗岩基内部,萤石矿主要赋存于北西向构造带内,严格受断裂破碎带控制。

3.1.1.1　地层

矿区内出露几乎全为燕山期花岗岩,仅局部分布少量第四系(Q)冲坡积物(见图3-2)。分布于胡沟、桃园沟、大干沟、小干沟沟底及缓坡处,属冲积及坡积砂砾石层,厚度0~5 m不等。

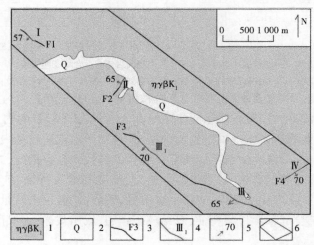

1—早白垩世斑状粗粒黑云母二长花岗岩;2—第四系;3—断裂位置及编号;
4—矿体位置及编号;5—倾向或倾角;6—研究区位置。

图3-2　杨山萤石矿床地质简图(据梁新辉等,2020)

3.1.1.2 构造

矿区内断裂构造发育,按走向可分为 NW 向 F1、F3 断裂和 NE 向 F2、F4 断裂两组(见表 3-1),构造内充填岩石主要为构造角砾岩、碎裂岩、萤石、糜棱岩。断裂性质以压扭性为主,张性次之。

表 3-1 杨山萤石矿床主要断裂特征

断裂号	矿脉号	产状	规模/m		备注
			长	宽	
F1	Ⅰ	走向 310°,南西倾,倾角一般 60°,局部 55°或 75°	560	一般 1~1.5,局部 0.3 或 2.8	赋存有 I_1 萤石矿体。带内以碎裂岩为主,局部见构造角砾岩。蚀变有绢英岩化和硅化。力学性质为张扭-压扭
F2	Ⅱ	走向 30°,北西倾,倾角一般 65°,局部 55°或 70°	465	一般 1~1.5,局部 0.5 或 2.0	赋存有 II_1 萤石矿体。带内以碎裂岩为主,蚀变为绢英岩化和硅化。力学性质为张扭-压扭
F3	Ⅲ	小干沟以东走向 295°,以西走向 310°;南西倾,倾角一般 70°,局部 60°或 80°	2 766(未封闭)	1.5~5.5,东段局部 15~25.5	赋存有 III_1 和 III_2 两个主要萤石矿体。带内以碎裂岩为主,近顶、底板多见构造角砾岩。蚀变为绢英岩化、硅化及碳酸盐化。力学性质为张扭
F4	Ⅳ	走向 55°,南东倾,倾角一般 70°	825	1~1.5	赋存有 IV_1 萤石矿体。带内以碎裂岩为主。蚀变有绢英岩化和硅化。力学性质为张扭-压扭

1. 北西向断裂

F1 断裂:出露于桃园沟之西的山脊上。走向 310°,倾向 220°,倾角一般 60°,局部 55°或 75°。走向长 560 m,破碎带宽 1~1.5 m,局部 0.3 m 或 2.8 m。断裂面沿走向和倾向多呈舒缓波状。破碎带内主要为碎裂岩,局部在顶板部位见有构造角砾岩,原岩多为二长花岗岩,偶见萤石矿角砾。蚀变以绢英岩化、硅化为主。矿化为萤石矿化。赋存有 I_1 萤石矿体。

F3 断裂:出露于小干沟之西—大干沟一带的山坡上。大致以小干沟为界,以西走向 310°,倾向 220°,倾角一般 70°,局部 65°或 80°;以东走向 295°,倾向 205°,倾角一般 70°,局部 60°或 75°。区域走向长大于 3 500 m,矿区内走向长 2 766 m(两侧延出区外);破碎带宽度变化大,中西段一般 1.5~2 m;东段一般 1.5~5.5 m,局部 15~25.5 m。断裂面沿走向和倾向均呈舒缓波状(见图 3-3)。破碎带内主要为碎裂岩,近顶板和底板部位多见有构造角砾岩。碎裂岩原岩多为二长花岗岩;构造角砾岩成分有二长花岗岩、硅质岩(隐晶质玉髓)及萤石矿。蚀变以绢英岩化、硅化为主,局部有较强的碳酸岩化。矿化主要为萤石矿化,局部见滑石和石膏矿化。该断裂规模大,多期构造活动明显,具有压扭—张扭—压扭性构造特征。西段和东段分别赋存有Ⅲ$_1$和Ⅲ$_2$萤石矿体。

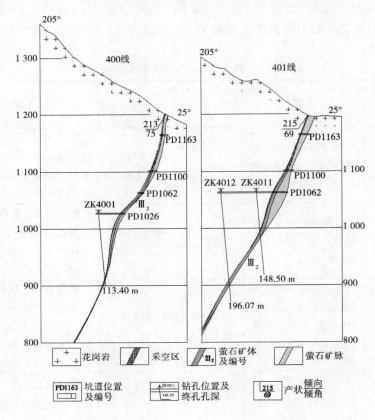

图 3-3　杨山萤石矿第 400、401 线勘查线剖面示意图

（据河南省洛阳丰瑞氟业有限公司栾川县杨山萤石矿生产勘探报告修编）

2. 北东向断裂

F2 断裂：出露于胡沟门南西方向的山坡上，北东端被第四系覆盖。走向 30°，倾向300°，倾角一般 65°，局部 55°或 70°。走向长 465 m，破碎带宽 1~1.5 m，局部 0.5 m 或2.0 m。断裂面沿走向和倾向均呈舒缓波状。破碎带内主要为碎裂岩，原岩为二长花岗岩。蚀变以绢英岩化、硅化为主。矿化为萤石矿化。该断裂压扭性构造特征明显，赋存有Ⅱ$_1$萤石矿体。

F4 断裂：出露于南区东部的山坡上。走向 55°，倾向 145°，倾角一般 70°。走向长825 m，破碎带宽 1~1.5 m。断裂面沿走向和倾向均呈舒缓波状。破碎带内主要为碎裂岩，原岩为二长花岗岩。蚀变以绢英岩化、硅化为主。矿化为萤石矿化。该断裂压扭性构造特征明显，赋存有Ⅳ$_1$萤石矿体。

3.1.1.3　岩浆岩

矿区内大面积出露合峪花岗岩基中的二长花岗岩（ηγβK$_1$），为赋矿围岩。岩石呈灰白色及淡肉红色；半自形粒状结构，块状构造。矿物成分以钾长石、斜长石、石英为主，少量黑云母，微量磷灰石、锆石。钾长石多为条纹长石，含量约 40%；半自形粒状，粒径一般为 2.0~6.4 mm,与斜长石相间分布。斜长石含量约 35%;半自形-自形板柱状,大小为 1.2 mm×2.0 mm~1.2 mm×2.8 mm;晶体中心多被显微鳞片状绢云母交代,部分晶体边部被叶绿泥石交代。石英含量约 20%;他形粒状,粒径 1.4~4.0 mm,与长石相间分布。黑云母含量约 5%,片体长 0.8~2.0 mm,杂乱分布在长石、石英间。磷灰石为柱状,长轴 0.15~0.4 mm,多包裹在长石及石英晶体中。锆石为短柱状,长轴 0.05~0.2 mm,包裹在长石晶体中。

3.1.2 矿体地质特征

矿区内有 Ⅰ、Ⅱ、Ⅲ、Ⅳ四条矿脉,其空间分布、产状变化分别受 F1、F2、F3、F4 断裂带控制。规模大的Ⅲ矿脉中赋存有Ⅲ$_1$、Ⅲ$_2$两个主要矿体,规模小的Ⅰ、Ⅱ、Ⅳ矿脉中分别赋存有Ⅰ$_1$、Ⅱ$_1$、Ⅳ$_1$次要矿体。区内Ⅰ$_1$、Ⅱ$_1$、Ⅲ$_1$、Ⅲ$_2$、Ⅳ$_1$五个萤石矿体的空间分布、形态特征和产状变化严格受矿脉控制。矿体特征见表 3-2。区内已发现萤石矿体全部赋存于合峪花岗岩基的断裂带中,严格受断裂破碎带控制。矿体边界清楚[见图 3-4(b)、(c)],形态多为脉状、透镜状,矿体在走向、倾向均具舒缓波状和膨大狭缩现象[见图 3-4(c)]。矿体在厚度较大时,与围岩接触面粗糙,矿体中见有较多的花岗岩角砾[见图 3-4(d)];在厚度较小时,与围岩接触面较平直,但此时萤石含量高,质较纯。杨山萤石矿总体为薄脉型矿床,局部 CaF$_2$ 含量很高,属富矿,整体萤石质量较好。

表 3-2 杨山萤石矿床矿体特征

矿脉号	矿体号	矿体形态	产状/(°)		规模/m			平均品位/%
			倾向	倾角	长度	最大斜深	厚度	
Ⅰ	Ⅰ$_1$	脉状	南西	60	220	115	1.08	45.44
Ⅱ	Ⅱ$_1$		北西	65	210	183	1.28	45.47
Ⅲ	Ⅲ$_1$	似层状	南西	70	616	342	1.33	41.36
	Ⅲ$_2$				812	543	3.34	46.43
Ⅳ	Ⅳ$_1$	脉状	南东	70	288	159	1.08	45.59

3.1.2.1 Ⅰ$_1$矿体

Ⅰ$_1$矿体赋存于矿区西北部 F1 断裂带中Ⅰ矿脉的中偏南东段,由 TC0、TC1、TC2、TC3 探槽和 TYM1、TYM2 坑道控制,深部工程控制最低标高 687 m。矿体沿走向和倾向呈舒缓波状,产状稳定。走向 310°,倾向 220°,倾角一般 60°,局部 55°或 75°。矿体呈脉状,走向长 220 m,最大斜深 115 m,埋深 0~117 m,赋存标高 860~750 m。矿体沿走向和倾向连续分布,沿倾向未封闭。已有采空区分布于 813 m 标高的 TYM1 坑道至地表。矿体厚 0.88~1.26 m,平均 1.08m,厚度变化系数 9.21%,形态复杂程度简单。矿石矿物为单一萤石,以紫色为主,少量无色和灰色,局部见淡绿色。矿石类型以萤石-石英型为主,次为石英-萤石型,局部见呈透镜状分布的萤石型。CaF$_2$ 品位 26.75%~70.25%,平均 45.44%,品位变化系数 28.47%,属均匀型。矿体顶、底板围岩均为二长花岗岩,二者界线清晰。矿体内无夹石和天窗,也无后期构造破坏和岩脉穿插。该矿体为区内次要矿体,估

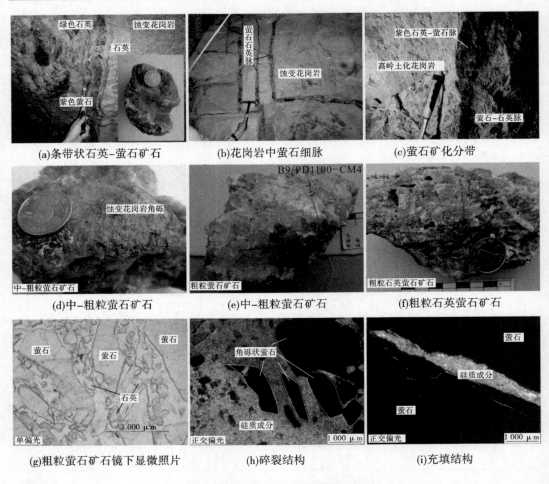

(a)条带状石英-萤石矿石　　　(b)花岗岩中萤石细脉　　　(c)萤石矿化分带

(d)中-粗粒萤石矿石　　　(e)中-粗粒萤石矿石　　　(f)粗粒石英萤石矿石

(g)粗粒萤石矿石镜下显微照片　　　(h)碎裂结构　　　(i)充填结构

图 3-4　杨山萤石矿床矿石结构构造照片

算工业萤石矿矿石量 44.63 kt,CaF_2 量 20.28 kt。

3.1.2.2　II₁矿体

II_1矿体赋存于矿区中部 F2 断裂带中 II 矿脉的中偏北东段,向北东被第四系覆盖,由 TC0、TC1、TC2、TC3、TC4 探槽、HYM1 坑道及 ZK2001、ZK2021 钻孔控制。深部工程控制最低标高 741 m。矿体沿走向和倾向呈舒缓波状,产状稳定。矿体走向 30°,倾向 300°,倾角一般 65°,局部 55°或 70°。矿体呈脉状,走向长 210 m,最大斜深 183 m,埋深 0～195 m,赋存标高 869～687 m。工程控制结果表明,矿体沿走向和倾向连续分布,沿倾向未封闭。已有采空区分布于 819 m 标高的 HYM1 坑道至地表。矿体厚 0.90～2.41 m,平均 1.28 m,厚度变化系数 31.2%,形态复杂程度简单。矿石矿物为单一萤石,以紫色为主,局部见白色。矿石类型以萤石-石英型为主,仅在 ZK2001 钻孔中见有萤石型。CaF_2 品位 24.70%～67.14%,平均 45.47%,品位变化系数 33.2%,属较均匀型。矿体顶、底板围岩均为二长花岗岩,二者界线清晰。矿体内无夹石和天窗,也无后期构造破坏和岩脉穿插。该矿体为区内次要矿体,估算工业萤石矿矿石量 72.35 kt,CaF_2 量 32.90 kt。

3.1.2.3 Ⅲ₁ 矿体

Ⅲ₁ 矿体赋存于矿区南部 F3 断裂带中小干沟以西Ⅲ矿脉的北西段,与东段同一矿脉中的Ⅲ₂ 矿体间距约 1 190 m,由 TC308、TC306、TC306 - 1、TC304、TC304 - 1、TC302、TC302-1、TC300、TC300-1、TC301、TC301-1 探槽和 ZYM1、PD1000、PD970、PD930 坑道及 ZK3001、ZK3041 钻孔控制。矿体沿走向和倾向呈舒缓波状。矿体走向 310°,倾向 220°,倾角一般 70°,局部 65°或 80°。矿体呈似层状,走向长 616 m,最大斜深 342 m,埋深 0～378 m,赋存标高 1 094～712 m。矿体沿走向和倾向连续分布,沿倾向未封闭。已有采空区分布于 PD1000 坑道至地表和 PD970 坑道 H52～H67 部位至地表。矿体厚度具东厚西薄和局部地段膨大狭缩之特征,厚 0.70～2.44 m,平均 1.33 m,厚度变化系数 23.37%,形态复杂程度简单。矿石矿物为单一萤石,以紫色为主,局部见白色及淡绿色。矿石类型以萤石-石英型为主,次为石英-萤石型,局部见呈透镜状分布的萤石型。CaF_2 品位 23.71%～75.79%,平均 41.36%,品位变化系数 28.57%,属均匀型。在矿体东部近地表部位有低品位矿分布。矿体顶、底板围岩均为二长花岗岩,二者界线清晰。矿体内无夹石和天窗,也无后期构造破坏和岩脉穿插。该矿体为区内主要矿体之一,估算工业萤石矿矿石量 434.91 kt,CaF_2 量 179.87 kt;另估算低品位萤石矿矿石量 24.99 kt,CaF_2 量 6.86 kt。

3.1.2.4 Ⅲ₂ 矿体

Ⅲ₂ 矿体赋存于矿区南部 F3 断裂带中小干沟以东至大干沟南Ⅲ矿脉的南东段。矿体由 TC404、T400-1、TC401-1、TC405 探槽和 PD1163、PD1100、PD1062、PD1026 坑道及 ZK4062、ZK4021、ZK4022、ZK4001、ZK4011、ZK4012、ZK4052 钻孔控制。矿体沿走向和倾向呈舒缓波状。矿体走向 295°,倾向 205°,倾角一般 70°,局部 60°或 75°。矿体呈似层状,走向长 812 m,最大斜深 543 m,埋深 0～626 m,赋存标高 1 153～711 m。矿体沿走向和倾向总体连续分布,但局部存在无矿(矿化)段和分支复合特征。矿体厚度变化大,总体具有中部厚、两侧薄和上薄下厚之特征。沿走向厚大部位位于矿体中部 402、401 勘探线。厚 1.21～6.34 m,平均 3.34 m,厚度变化系数 53.55%,形态复杂程度中等。矿石矿物为单一萤石,局部见有滑石和石膏。萤石以紫色为主,少量白色及绿色,淡绿者多位于矿体的膨大部位。矿石类型以萤石-石英型为主,次为石英-萤石型,少量脉状及透镜状分布的萤石型。CaF_2 品位 25.67%～69.77%,平均 46.43%,品位变化系数 34.28%,属较均匀型。矿体顶、底板围岩多为矿脉中的萤石矿化碎裂岩,部分地段为矿脉外的二长花岗岩。矿体与前者多呈渐变过渡关系,与后者界线清晰。矿体内无天窗,也无后期构造破坏和岩脉穿插。该矿体为区内主要矿体,估算工业萤石矿矿石量 2 474.06 kt,CaF_2 量 1 148.61 kt。

3.1.2.5 Ⅳ₁ 矿体

Ⅳ₁ 矿体赋存于矿区南部 F4 断裂带中Ⅳ矿脉的中段,由 TC0、TC1、TC2、TC3、TC4 探槽和 KYM1、KYM2 坑道控制。矿体沿走向和倾向略呈舒缓波状,产状稳定。矿体走向 55°,倾向 145°,倾角一般 70°。矿体呈脉状,走向长 288 m,最大斜深 159 m,埋深 0～137 m,赋存标高 1 264～1 104 m。矿体沿走向和倾向连续分布,沿倾向未封闭。已有采空区分布于 1 150 m 标高的 KYM1 坑道至地表。矿体厚度变化小,1.00～1.27 m,平均 1.08 m,厚度变化系数 6.83%,形态复杂程度简单。矿石矿物为单一萤石,以紫色为主,少量白色。矿石类型以萤石-石英型为主,次为石英-萤石型。CaF_2品位 21.50%～71.80%,平均 45.59%,品位变化系数 33.90%,属较均匀型。矿体顶、底板围岩均为二长花岗岩,二者界线清晰。矿体内无夹石和天窗,也无后期构造破坏和岩脉穿插。该矿体为区内次要矿体,估算工业萤石矿矿石量 66.90 kt,CaF_2 量 30.50 kt;另估算低品位萤石矿矿石量 2.57 kt,CaF_2 量 0.64 kt。

3.1.3　矿石特征

3.1.3.1　矿石矿物成分

杨山萤石矿床的矿石及矿物特征显示,该矿床成因类型为裂隙充填的热液脉状萤石矿床。根据矿物组合特征,杨山萤石矿可分为萤石-石英型和石英-萤石型矿石;依据矿石的构造可分为块状矿石、条带状矿石及角砾状矿石;根据矿石结构构造特征,可分为粗晶块状[见图 3-4(e)、(f)]、条带状[见图 3-4(a)]、角砾状[见图 3-4(d)]以及浸染状细脉-网脉状矿石,局部有稠密浸染矿石、条纹状矿石、斑块状等矿石。

矿石矿物主要为萤石,在III₂矿体中局部有少量滑石和石膏。一般北西向矿体中,萤石以紫色为主,少量无色和灰色,局部见绿色;北东向矿体中,以紫色为主,少量白色。萤石多为半自形-他形粒状,粒径 0.2～2.5 mm,少量大于 3 mm,总体有紫色粒度细、绿色粒度粗的特征。绿色萤石多呈透镜体、脉状及团块状分布,紫色萤石多呈条带状、网脉状及角砾状分布。滑石呈自形板状,大小为 0.03 mm×0.05 mm～0.2 mm×0.5 mm,与萤石矿物相伴分布。石膏呈板状、板柱状,长轴 0.2～1.4 mm,沿裂隙呈细脉状分布。

脉石矿物主要有硅质(隐晶状玉髓)、石英、长石(钾长石和斜长石)、绢云母,少量方解石等。硅质(隐晶状玉髓)和多数细粒状石英及方解石由热液活动形成,多呈条带状、团块状、细脉状、网脉状伴随萤石矿物分布。长石(钾长石和斜长石)和少量石英为赋矿围岩角砾、碎块和粉状物中的矿物。绢云母呈鳞片状交代长石,为热液变质作用形成的矿物。

3.1.3.2　矿石结构、构造

1. 矿石结构

矿石主要结构有半自形-自形结构[见图 3-4(g)]、他形粒状结构、粒状集合体结构、半自形-他形粒状结构、碎裂结构[见图 3-4(h)]、充填结构[见图 3-4(i)]。

半自形-自形粒状结构、自形粒状结构和粒状集合体结构者多呈块状和条带状分布,粒径 0.4～5 mm,多数晶体可见菱形解理。

半自形-他形粒状结构者多呈细脉状、网脉状、细脉浸染状和条纹状分布,粒径 0.2～2.5 mm,部分晶体可见菱形解理。

2. 矿石构造

矿石主要构造有块状构造、细脉-网脉状构造、条带状构造、角砾状构造等。

块状构造:萤石呈稠密浸染状、厚大脉状和透镜状集合体分布,其间有星散状、斑块状、细脉状及不规则状的脉石矿物充填,构成块状构造[见图 3-4(d)、(e)、(f)]。该构造多见于矿脉的近顶板及膨大部位。

细脉-网脉状构造:萤石集合体呈细脉状、网脉状沿蚀变岩、构造岩裂隙充填,构成细

脉状、网脉状构造[见图 3-4(b)]。细脉宽 0.1~2 cm 不等。该构造分布普遍,与块状和条带状构造呈渐变过渡关系,多见其两端或一侧。

条带状构造:不同粒度或不同颜色的萤石集合体条带及硅质条带相间分布,构成条带状构造[见图 3-4(a)]。条带宽几厘米至几十厘米不等。该构造多见于矿脉的近顶板部位,条带沿走向和倾向一般平行矿脉产状定向展布。

角砾状构造:主要有围岩角砾和萤石矿角砾,被萤石、硅质(隐晶质玉髓)及方解石胶结,构成角砾状构造。角砾多呈棱角状,少量次棱角状;大小 0.5~5 cm 不等。一般围岩角砾多被萤石和硅质胶结,萤石矿角砾多被硅质和方解石胶结。该构造多见于矿体的膨大及顶板部位。

3.1.4　围岩蚀变

区内有Ⅰ、Ⅱ、Ⅲ、Ⅳ 4 条矿脉,其空间分布、产状变化、赋矿围岩和蚀变特征等分别受 F1、F2、F3、F4 断裂控制。Ⅰ$_1$、Ⅱ$_1$、Ⅲ$_1$、Ⅲ$_2$、Ⅳ$_1$ 5 个萤石矿体中,Ⅰ$_1$、Ⅱ$_1$、Ⅲ$_1$、Ⅳ$_1$ 矿体顶、底板围岩均为二长花岗岩;Ⅲ$_2$ 矿体赋存部位矿脉宽度大,其顶、底板的直接围岩有矿脉内的萤石矿化碎裂岩和矿脉外的二长花岗岩。围岩为二长花岗岩时,与矿体界线清晰;为萤石矿化碎裂岩时,与矿体呈渐变过渡关系,围岩中 CaF_2 含量 8.02%~17.99%。

围岩蚀变仅限于构造破碎带内及其上下盘围岩附近,具有明显低温热液蚀变特征,呈线型分布。主要蚀变类型为硅化、绢云母化、碳酸盐化,其中硅化、绢云母化与矿化的关系密切。

(1)硅化:与萤石成矿关系密切,主要见于矿体及破碎带中。主要有两种表现形式:一种是伴随萤石矿化形成脉状、条带状硅质岩,由隐晶质玉髓组成的;另一种是石英和萤石–石英细脉的形式沿破碎裂隙充填产于矿石或构造破碎岩中。

(2)绢英岩化:与成矿关系密切,分布于近矿围岩与构造破碎带中,常与硅化伴生,局部形成绢英岩甚至云英岩。在破碎带内,其碎裂岩和部分构造角砾的原岩主要由围岩中的二长花岗岩,经后期热液变质作用后,部分长石晶体完全或部分蚀变为显微鳞片状绢云母及细小石英集合体,其石英粒径多小于 0.05 mm。蚀变强的部位裂隙发育,有细脉状、网脉状萤石矿充填,亦多为矿体部位。

(3)碳酸盐化:为矿化晚期产物,胶结萤石矿角砾,或呈方解石细脉沿裂隙充填。主要分布于近矿围岩与构造破碎带中,主要由近矿围岩中长石风化形成,为后生矿物,对找矿具有指示作用。

3.2　砬上萤石矿床

砬上萤石矿位于栾川县合峪镇北部两沟门至石滚沟一带,南西距栾川县城 42 km,南距合峪镇 7.5 km。矿区位于合峪花岗岩岩基外接触带,萤石矿主要产于花岗岩基与熊耳群之间的接触带的 NW 向断裂带中,受构造控制。

3.2.1　矿床地质特征

3.2.1.1　地层

区内地层简单,分布有熊耳群鸡蛋坪组(Pt_2j),另有第四系(Q)沿沟谷分布(见图3-5)。

熊耳群鸡蛋坪组(Pt_2j):呈北西向长条状分布于矿区东部的两沟—草沟一带。地层呈单斜产出,走向280°~290°,倾向南西,倾角30°~46°。主要岩性为灰紫色英安斑岩和灰绿色杏仁状安山岩。为区内赋矿围岩之一。

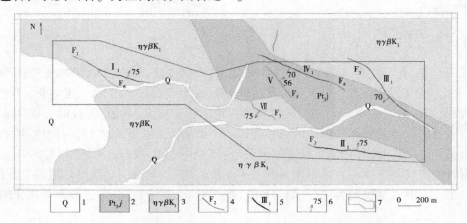

1—第四系;2—熊耳群鸡蛋坪组英安岩;3—早白垩世斑状粗粒黑云母二长花岗岩;
4—断裂位置及编号;5—矿体位置及编号;6—倾向及倾角;7—研究区范围。

图3-5　砭上萤石矿床地质简图

第四系(Q):主要分布于矿区西部明白河两岸的河床阶地及区内的沟谷中。岩性为亚黏土、亚砂土及碎石层,厚度一般为0~5 m。

3.2.1.2　构造

矿区内主要为断裂构造,有近东西向、北西向两组,以北西向为主。北西向断裂有6条,即F1、F3、F4、F5、F6、F7;近东西向有1条,即F2。各断裂特征见表3-3。

表3-3　砭上萤石矿床断裂及矿脉特征

断裂	矿脉	产状	规模/m		矿化	备注
			长	宽		
F1	I	走向110°,北北东倾,倾角75°	755	0.6~2.0	有I_1萤石矿体	矿区西部两沟沟口之北的二长花岗岩岩体内
F2	II	走向110°,近北倾,倾角75°	955	0.5~2.8	有II_1萤石矿体	矿区东部草沟之南的二长花岗岩岩体内

续表 3-3

断裂	矿脉	产状	规模/m		矿化	备注
			长	宽		
F3	Ⅲ	走向 135°，南西倾，倾角 70°~76°	1 030	0.3~1.4	有Ⅲ₁萤石矿体	矿区东部草沟之北。南东段位于熊耳群鸡蛋坪组地层中，北西段位于二长花岗岩岩内。北西端延出区外，区内长 955 m
F4	Ⅳ	走向 113°，倾向南西，倾角 70°	870	0.5~2.8	有Ⅳ₁萤石矿体	矿区中偏北部的熊耳群鸡蛋坪组地层中，北西端延出区外，区内长 675 m
F5	Ⅴ	走向 143°，倾向北东，倾角 56°	390	0.5~1.5	有萤石矿化	矿区中偏东部、F₄断裂之西南的熊耳群鸡蛋坪组地层中
F6	Ⅵ	走向 310°，倾向南西，倾角 72°	275	0.5~2.5	有萤石矿化	矿区西部两沟沟口之北的二长花岗岩岩体内
F7	Ⅶ	走向 310°，倾向南西，倾角 70°~75°	300	0.5~2.0	有萤石矿体	矿区中部草沟之北二长花岗岩岩体内。仅北西段有 30 m 在矿权范围内

断裂总体特征均以矿化蚀变破碎带的形式出现，破碎带沿走向呈舒缓波状，略具膨大狭缩之特征(见图 3-6)。破碎带中，以碎裂岩为主，局部在近顶板部位见构造角砾或糜棱岩。蚀变以硅化、绢英岩化为主，次为白云石化、碳酸盐化，其中硅化、绢英岩化及白云石化与萤石矿化关系密切。

F1 断裂：位于矿区西部两沟沟口之北的二长花岗岩岩体内。区内出露长 755 m，宽 0.6~2.0 m，断裂总体走向 110°，呈舒缓波状延伸，南东端走向 97°左右，北西端走向 117°左右，倾向北北东，倾角 75°。断裂中构造角砾，糜棱岩等构造岩发育，赋存有Ⅰ₁萤石矿体。

F2 断裂：位于矿区东部草沟之南的二长花岗岩岩体内。区内出露长 955 m，宽 0.5~2.8 m，断裂总体走向 110°，呈舒缓波状延伸，倾向近北，倾角 75°。断裂带内构造岩、断层泥发育，赋存Ⅱ₁萤石矿体。

F3 断裂：分布于矿区东北部，断裂长约 1 030 m，宽 0.3~1.4 m，其总体走向 135°，呈舒缓波状延伸，南东段走向 130°左右，北西端走向 115°左右，中部 145°左右，倾向南西，倾角 70°~76°。带内构造岩较发育，赋存Ⅲ₁萤石矿体。

F4 断裂：位于矿区中偏北部、F2 断裂的北段西侧的熊耳群鸡蛋坪英安岩地层中。区

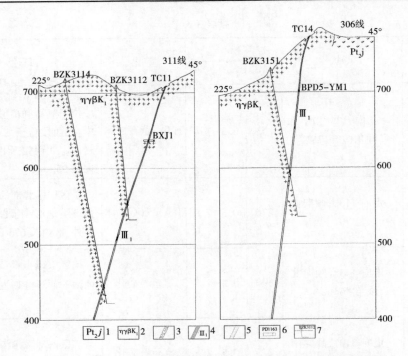

1—熊耳群鸡蛋坪组英安岩;2—早白垩世斑状粗粒黑云母二长花岗岩;3—采空区;
4—矿体及编号;5—矿脉;6—坑道位置及编号;7—钻孔位置

图 3-6　砭上萤石矿第 311、306 勘查线剖面示意图

内出露长 675 m,向北西方向延出区外。断裂带宽 0.5~2.8 m,断裂走向 113°左右,倾向南西,倾角 70°。断裂中构造角砾,糜棱岩发育。赋存Ⅳ₁萤石矿体。

F5 断裂:位于 F4 断裂的西南侧的熊耳群鸡蛋坪英安岩地层中。长 390 m,宽 0.5~1.5 m,北西端有与 F4 相交的趋势。断裂走向 143°,倾向北东,倾角 56°,延深方向亦有与 F4 相交的趋势。断裂中构造角砾,糜棱岩发育,萤石矿化明显。

F6 断裂:位于两沟门北东、F1 断裂北西段的南西侧,北西端被 F1 断裂截切,南东端没入两沟门沟谷第四系。断裂带中主要为碎裂花岗岩,高岭土化强烈,硅质岩发育,局部有萤石矿化。

3.2.1.3　岩浆岩

区内大面积出露合峪花岗岩岩基中的二长花岗岩($\eta\gamma\beta K_1$),为区内主要赋矿围岩。岩石呈灰白色及淡肉红色;半自形粗粒结构,斑状、似斑状结构,块状构造。斑晶多为斜长石,自形板状,晶粒粗大,多在 4 mm×6 mm~8 mm×12 mm,含量变化大,一般 20%~40%。基质成分以斜长石、钾长石、石英为主,少量黑云母,微量磷灰石、锆石。钾长石多为条纹长石,含量约 40%;半自形粒状,多数粒径在 2.0~6.4 mm,与斜长石相间分布。斜长石含量约 35%;半自形-自形板柱状,大小 1.2 mm×2.0 mm~1.2 mm×2.8 mm;晶体中心多被显微鳞片状绢云母交代,部分晶体边部被叶绿泥石交代。石英含量约 20%,他形粒状,粒径 1.4~4.0 mm,与长石相间分布。黑云母含量约 5%,片体长 0.8~2.0 mm,杂乱分布在长石、石英间。磷灰石为柱状,长轴 0.15~0.4 mm,多包裹在长石及石英晶体中。锆石为短柱状,长轴 0.05~0.2 mm,包裹在长石晶体中。

3.2.2 矿体地质特征

区内主要发育有Ⅰ、Ⅱ、Ⅲ、Ⅳ 4 条矿脉,其空间分布分别受 F1、F2、F3、F4 断裂带控制。Ⅰ、Ⅱ、Ⅲ、Ⅳ 4 条矿脉中分别赋存 I_1、II_1、III_1、IV_1 4 个萤石矿体,其中 III_1、IV_1 为区内的主要矿体。砭上萤石矿床主要矿体特征见表 3-4。

表 3-4　砭上萤石矿床主要矿体特征

矿脉	矿体号	产状		长度/m	平均厚度/m	最大斜深/m	平均品位/%
		倾向	倾角				
Ⅰ	I_1	北东	75°	592	1.07	132	47.53
Ⅱ	II_1	北东	75°	767	1.07	148	45.75
Ⅲ	III_1	南西	70°~76°	777	1.10	234	43.87
Ⅳ	IV_1	南西	69°~85°	533	1.34	277	56.10

3.2.2.1　I_1矿体

I_1矿体赋存于矿区西部 F1 断裂带中Ⅰ矿脉的中段。地表由 TC0~TC16 等 17 条探槽控制,浅、中部分别由 XJ1YM1 和 XJ1YM2 沿脉坑道控制。矿体沿走向呈舒缓波状,沿倾向基本稳定。总体走向 110°,倾向北东,倾角一般 75° 左右,局部达 80°。矿体呈薄脉状,走向长 592 m,最大斜深 132 m,埋深 0~152 m,赋存标高 644~502 m。矿体沿走向和倾向连续分布。矿体厚度稳定,局部厚度不可采。厚 0.68~1.26 m,平均厚度 1.07 m。矿石矿物为单一萤石,以深绿色、淡绿色为主,淡紫色、粉红色次之。矿石类型主要为石英-萤石型,少量萤石型和萤石-石英型。萤石型矿石多呈透镜状、脉状分布于矿体的近顶、底板及厚大部位。CaF_2 品位 21.58%~71.50%,平均品位 47.53%。矿体顶、底板围岩均为二长花岗岩,二者界线清晰。矿体内无夹石和天窗,也无后期构造破坏和岩脉穿插。已有采空区分布于 XJ1YM1 坑道以上。该矿体为区内的次要矿体之一,估算萤石矿矿石量 128.35 kt,CaF_2 量 61.00 kt。

3.2.2.2　II_1矿体

II_1矿体赋存于矿区南部 F2 断裂带中Ⅱ矿脉的中段,地表由 TC0~TC24 等 25 条探槽控制,浅、中部有 PD2YM1、PD1YM2、PD4YM3 坑道控制。矿体沿走向呈舒缓波状,沿倾向基本稳定。总体走向 97°,倾向北东,倾角 75°,东端沿倾向略有变缓之特征。矿体呈脉状,走向长 767 m,最大斜深 148 m,埋深 0~170 m,赋存标高 830~635 m。矿体沿走向和倾向连续分布,沿走向及倾向均未封闭。矿体厚度较均匀,无明显变化。厚 1.02~1.12 m,平均厚度 1.07 m。矿石矿物为单一萤石,以白色、淡绿色、深绿色为主,淡紫色、粉红色次之。矿石类型主要为石英-萤石型和萤石-石英型,少量萤石型。萤石型矿石多呈透镜状、脉状分布于矿体的近顶、底板部位。CaF_2 品位 26.30%~80.49%,平均品位 45.75%。矿体顶、底板围岩为二长花岗岩,矿体与围岩界线清晰。矿体内无夹石和天窗,也无后期构造破坏和岩脉穿插。已有采空区分布于 PD1YM2 坑道以上。该矿体为区内的次要矿体之一,估算萤石矿矿石量 167.12 kt,CaF$_2$ 量 76.45 kt。

3.2.2.3　Ⅲ$_1$ 矿体

Ⅲ$_1$ 矿体赋存于矿区东北部 F3 断裂带中Ⅲ矿脉的中段,地表由 TC0～TC16 和 TC308、TC310～TC313 等 22 条探槽控制;中、深部由 BPD5YM1、BXJ1YM1 坑道和 BZK3001、BZK3112 钻孔控制。矿体沿走向和倾向均呈舒缓波状(见图 3-6)。总体走向 135°,倾向南西,倾角 70°～76°。沿走向地表由中间向两端及沿倾向向深部倾角变陡之特征。矿体呈脉状,走向长 777 m,最大斜深 234 m,埋深 0～202 m,赋存标高 778～542 m。矿体沿走向和倾向连续分布,沿倾向尚未完全封闭。矿体厚度稳定,沿倾向深部有变厚的趋势。厚 0.95～1.34 m,平均 1.10 m。矿石矿物为单一萤石,以淡绿色、白色为主,淡紫色、粉红色次之。矿石类型主要为石英-萤石型和萤石-石英型,少量萤石型。萤石型矿石多呈透镜状、脉状分布于矿体的近顶、底板及膨大部位。CaF$_2$ 品位 24.15%～61.56%,平均 43.87%。矿体顶、底板围岩北西段为二长花岗岩,南东段为英安岩。矿体与围岩界线清晰。矿体内无夹石和天窗,也无后期构造破坏和岩脉穿插。该矿体为区内的主要矿体之一,估算萤石矿矿石量 273.01 kt,CaF$_2$ 量 119.76 kt。

3.2.2.4　Ⅳ$_1$ 矿体

Ⅳ$_1$ 矿体赋存于矿区北部 F4 断裂带中Ⅳ矿脉的中段,地表由 TC400～TC416 等 9 条探槽控制,中、深部由 PD6 坑道、BZK4001 钻孔控制。矿体沿走向及倾向均呈舒缓波状。总体走向 113°,倾向南西,浅部倾角 69°～85°,一般 77°左右,总体向深部倾角有变陡之趋势。矿体呈不规则脉状,走向长 533 m,最大斜深 277 m,埋深 0～314 m,赋存标高 800～447 m。沿走向和倾向连续分布,边缘基本封闭。矿体厚度沿走向在地表具有膨大狭缩的特征,沿倾向具有上厚下薄的特征。厚 1.09～2.77 m,平均 1.34 m。矿石矿物为单一萤石,以淡绿色、白色、深绿色为主,淡紫色、粉红色次之。矿石类型主要为萤石-石英型和石英-萤石型,少量萤石型。萤石型矿石多呈透镜状分布于矿体的近顶、底板及膨大部位。CaF$_2$ 品位 26.76%～87.17%,平均 56.10%。矿体顶、底板围岩均为英安岩,二者界线清晰。矿体内无夹石和天窗,也无后期构造破坏和岩脉穿插。该矿体为区内的主要矿体,估算萤石矿矿石量 205.38 kt,CaF$_2$ 量 115.12 kt。

3.2.3　矿石特征

3.2.3.1　矿石矿物成分

依据矿石的主要矿物组合,区内矿石类型主要为石英-萤石型和萤石-石英型矿石,少量萤石型矿石。依据矿石的构造特征,主要划分为块状矿石、条带状矿石、细脉-网脉状矿石及角砾状矿石等。矿石矿物单一,仅为萤石。以浅绿色、深绿色、白色为主,淡紫色、粉红色次之。自形、半自形晶为主,少量他形粒状,粒径 0.2～5 mm 不等,紫色萤石相对粒度细。萤石主要呈条带状、网脉状分布,部分呈块状、稠密浸染状分布,少量呈条纹状和角砾状分布。

脉石矿物主要有硅质(隐晶玉髓)、石英及长石(钾长石和斜长石),少量绢云母、方解石等。石英、长石(钾长石和斜长石)及黑云母主要是围岩中的矿物,分布于矿石中的围岩角砾、碎块及粉状物中;硅质(隐晶玉髓)于矿化期晚阶段形成,与萤石矿化关系密切,主要呈条带状、细脉状及团块状分布,与萤石集合体条带相间分布或沿其裂隙及破碎处呈细脉状和团块状充填;方解石于成矿期后形成,多呈细脉状沿矿石裂隙和硅质岩裂隙充填;绢云母为热液蚀变作用的产物,不完全交代长石矿物,局部可见呈断续细脉状沿蚀变岩裂隙充填。

3.2.3.2   矿石结构、构造

1. 矿石结构

矿石结构有半自形-自形粒状结构、自形粒状结构、粒状集合体结构及半自形-他形粒状结构。

半自形-自形粒状结构、自形粒状结构和粒状集合体结构者多为块状和条带状矿石中的萤石,粒径 0.4~5 mm,多数晶体可见菱形解理。

半自形-他形粒状结构者多为细脉状、网脉状、细脉浸染状和条纹状矿石中的萤石,粒径 0.2~2.5 mm,部分晶体可见菱形解理。

2. 矿石构造

矿石构造主要有块状、条带状、细脉-网脉状构造,局部可见角砾状构造。

块状构造:萤石呈稠密浸染状、厚大的脉状和透镜状集合体分布,其间由角砾状、碎粒或粉状物的脉石矿物充填,亦有硅质(玉髓)呈断续条带或细脉分布,构成块状构造。该构造多见于矿脉的近顶板及膨大部位。矿石多为萤石型,呈透镜状、断续厚脉状分布,矿物含量较高。

条带状构造:不同粒度或不同颜色的萤石集合体条带及与其后形成的硅质条带相间分布,构成条带状构造。条带宽几厘米至几十厘米不等。该构造多见于矿脉的近顶板部位不连续分布,条带定向展布,与矿脉产状趋于一致。当以不同粒度、不同颜色的萤石条带为主时,矿石含量较高;以脉石条带为主时,矿石含量较低。

细脉-网脉状构造:萤石集合体呈细脉状、网脉状分布于破碎蚀变岩中,可见方解石细脉沿裂隙充填,构成细脉状、网脉状构造。萤石细脉宽 1~15 mm。该构造分布普遍,与块状构造和条带状构造呈渐变过渡关系,多见其两端或一侧。

角砾状构造:角砾成分主要有围岩角砾、萤石矿角砾和硅质岩角砾,一般围岩角砾多被萤石和硅质胶结,萤石矿角砾多被硅质和方解石胶结,构成角砾状构造。角砾多呈棱角状,少量呈次棱角状;粒径在 0.5~3 cm。角砾间由大量隐晶状硅质和方解石与少量粒状长石矿物及萤石单晶充填胶结。该构造多见于矿体的膨大及顶板部位。

3.2.4   围岩蚀变

矿体赋存于合峪花岗岩基及熊耳群许山组地层中的断裂破碎带内,矿体的顶、底板围岩为二长花岗岩及英安岩。矿体与围岩界线清晰。

围岩蚀变仅限于构造破碎带及其近顶、底板围岩中,呈线型分布。主要蚀变类型有:

(1)硅化:见于矿体及近矿体部位的围岩中,主要伴随萤石矿化形成了条带状、团块状及细脉状硅质岩,由隐晶质玉髓组成,与矿化关系密切。

(2)绢英岩化:破碎带内的原岩及近顶、底板围岩,经后期热液变质作用,部分长石晶体完全或部分蚀变为显微鳞片状绢云母及细小石英集合体,其石英粒径多小于 0.05 mm。

为近矿蚀变特征。

（3）碳酸盐化：为矿化晚期的产物，胶结萤石矿角砾，或呈方解石细脉沿裂隙充填。

（4）高岭土化：破碎带及围岩中的一些长石常生成一些片状白色高岭土。

上述蚀变中，硅化、绢云母化与成矿关系密切，往往硅化强处，矿化富集、品位较高。高岭土化往往使围岩强度降低。

4 矿床成因与成矿模式

4.1 元素地球化学特征

4.1.1 样品采集与分析方法

本书研究主要针对区内规模最大的Ⅲ号矿脉,在杨山萤石矿床 PD1100、PD1062、PD1026 三个平硐和砭上萤石矿床 PD1 中对不同矿物共生组合的萤石矿进行了系统采样(见图 4-1)。样品首先经过破碎、混匀、缩分、粉碎至 200 目进行分析测试。萤石的主量、微量、稀土元素测试分析由河南省地矿局第一地质矿产调查院实验室采用美国 Thermo Electron 电感耦合等离子质谱仪分析测试完成。

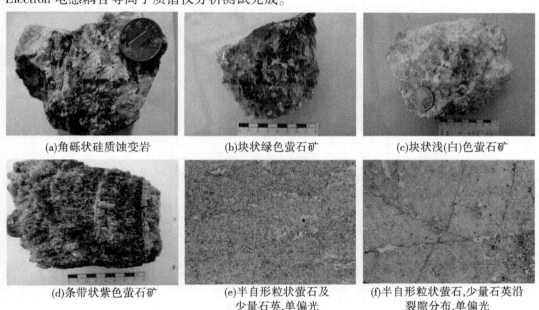

(a)角砾状硅质蚀变岩　　(b)块状绿色萤石矿　　(c)块状浅(白)色萤石矿

(d)条带状紫色萤石矿　　(e)半自形粒状萤石及　　(f)半自形粒状萤石,少量石英沿
　　　　　　　　　　　　　少量石英,单偏光　　　　裂隙分布,单偏光

图 4-1　萤石矿床不同颜色萤石标本及显微照片

4.1.2 主量元素地球化学特征

坑道内不同中段矿石主要元素分析结果见表 4-1。分析表明,构成矿石的化学成分主要为 CaF_2 和 SiO_2,另含少量 Al_2O_3 及 Na_2O、$CaCO_3$ 等。本次取样的矿石 CaF_2 含量大多在 60% 以上,个别小于 30%。SiO_2 与 CaF_2 含量呈明显的负相关(见图 4-2),显示出热液脉状矿床化学成分的特征(席晓凤,2018),表明研究区内萤石矿床为热液脉状矿床。

表 4-1　杨山、砭上萤石矿床矿石主量元素分析结果

单位:%

样品编号	样品名称	CaF_2	SiO_2	Al_2O_3	K_2O	CaO	Na_2O	MgO	Fe_2O_3	TiO_2	MnO_2	P_2O_5	FeO
D2/YS1100-CM1	硅质蚀变岩	69.41	23.73	3.05	0.65	0.1	0.12	0.22	0.66	0.032	0.028	0.018	0.38
D8/YS1100-CM4	条带状萤石矿	98.05	0.38	0.01	0.01	0.3	0.13	0.02	0.01	0.003	0.004	0.018	0.26
D4/YS1062-YM1	紫色萤石矿	87.35	8.18	0.56	0.02	1.8	0.13	0.09	0.41	0.003	0.015	0.019	0.26
D5/YS1062-YM1	浅色萤石矿	96.32	2.37	0.05	0	0.1	0.13	0.02	0.09	0.002	0.011	0.024	0.26
D2/YS1026	绿色萤石矿	97.59	0.86	0.04	0.01	0.1	0.15	0.02	0.02	0.002	0.022	0.015	0.38
D3/YS1026	紫色萤石矿	95.22	3.18	0.04	0.02	0.1	0.13	0.02	0.13	0.002	0.052	0.014	0.64
D4/YS1026	浅粉紫色萤石矿	90.11	2.49	0.04	0.02	4.7	0.14	0.03	0.09	0.004	0.007	0.008	0.64
D4/BS-PD1	浅色萤石矿	81.22	14.74	0.22	0.05	2.1	0.15	0.04	0.48	0.007	0.005	0.016	0.51
D6/BS-PD1	紫色萤石矿	74.76	21.5	0.77	0.18	0.7	0.12	0.05	0.81	0.007	0.01	0.009	0.38

注:测试单位为河南省地矿局第一地质矿产调查院实验室,2019年。

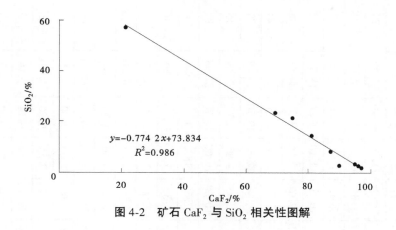

图 4-2　矿石 CaF_2 与 SiO_2 相关性图解

4.1.3　微量元素地球化学特征

4.1.3.1　微量元素含量特征

　　杨山、砬上萤石矿床矿石微量元素分析结果见表 4-2,围岩微量元素分析结果见表 4-3。将各萤石矿样品微量元素含量平均值、围岩样品微量元素含量平均值、地壳元素丰度分别同地壳元素丰度比值作为三个指标投至簇状柱形图(见图 4-3)上,可以将杨山萤石矿微量元素分为三类:

　　(1)矿石、围岩中含量均低于地壳中含量的元素,包括 Sc、V、Cr、Co、Ni、Zr、Nb、Cd、Hf、Ta 十种。微量元素在含量特征反映矿体围岩−花岗岩(或蚀变花岗岩)的微量元素低于地壳均值;同时成矿流体中挟带的此类微量元素值也低于地壳中的平均值。其中,Ni 元素在矿石中的含量高于围岩,而其他元素在矿石中含量低于围岩,反映出矿石中 Ni 元素相对于围岩是富集的。

　　(2)矿石中含量低于地壳中含量而围岩中含量高于地壳中含量的元素,包括 Li、Be、Ga、Rb、Cs、Ba、Tl、Th、U 九种。微量元素在围岩中含量特征反映出赋矿的花岗斑岩体微量元素高于地壳中的平均值,或者说矿床围岩的本底值高于地壳的平均值;同时,成矿流体中挟带的此类微量元素值也低于地壳中的平均值,其中 Li 元素在矿石中的含量与地壳相当,而在围岩中含量是地壳中含量的 5 倍以上。

　　(3)矿石、围岩、地壳中含量相当的元素,仅有 Sr,且 Sr 元素与其他元素相比在地壳中含量比值最高。

　　通过 Excel 对样品中 CaF_2 含量与各种微量元素含量进行了相关性分析,Ni 元素含量与矿石样品中 CaF_2 含量同相关系数 $r=0.671$,在围岩样品中该系数 $r=0.227$,矿石、围岩样品合并分析相关系数 $r=0.775$,而其他 19 种微量元素与围岩或矿石中 CaF_2 含量的相关系数均小于 0.1。分析结果与上述 Ni 元素矿石中相对富集的结论具有一致性,该元素可作为判定萤石矿异常区的指示元素。

表 4-2　杨山、砭上萤石矿床矿石微量元素分析结果

样号	D3/YS1100	D5/YS1100	D7/YS1100	D8/YS1100	D9/YS1100	D3/YS1062	D4/YS1062	D5/YS1062	D1/YS1026	D2/YS1026	D3/YS1026	D4/YS1026	D4/BS-PD1	D5/BS-PD1	D6/BS-PD1	均值	地壳含量 $(w_B/10^{-6})$
样品名称	绿色萤石	绿色萤石	绿色萤石	条带状萤石	浅色萤石	绿色萤石	紫色萤石	浅色萤石	白色萤石	绿色萤石	紫色萤石	浅粉紫色萤石	浅色萤石	绿色萤石	紫色萤石		
Li	4.94	3.08	4.55	1.44	54.40	3.99	30.10	7.85	1.67	2.60	12.80	5.24	56.10	11.70	63.40	17.59	20
Be	0.91	0.71	0.84	0.81	4.46	0.81	7.26	1.07	0.98	1.06	1.87	0.57	1.34	0.50	2.35	1.70	2.8
Sc	1.29	1.44	1.57	1.39	2.45	1.36	1.35	1.35	1.61	1.26	1.44	1.31	2.61	1.47	1.21	1.54	22
V	12.30	12.80	14.10	13.40	18.10	10.50	19.20	11.10	13.10	10.20	16.00	15.00	10.90	12.10	16.80	13.71	135
Cr	12.70	11.20	12.20	11.00	51.20	13.90	39.40	18.60	12.30	12.20	22.10	18.90	57.00	22.90	53.50	24.61	100
Co	1.66	2.01	1.99	1.74	3.31	1.89	2.46	1.80	2.65	1.69	2.15	2.36	3.07	2.39	3.78	2.33	25
Ni	15.10	19.30	21.20	18.70	9.53	19.00	19.40	15.90	21.40	16.50	20.30	21.00	20.40	22.60	19.70	18.67	75
Ga	2.00	2.00	2.00	2.00	17.10	2.00	6.06	2.00	2.00	2.00	2.00	2.00	2.00	2.00	2.72	3.33	15
Rb	10.00	10.00	10.00	10.00	180.0	10.00	10.00	10.00	10.00	10.00	10.00	10.00	10.00	10.00	19.70	21.98	90
Sr	377	378	489	472	401	454	810	333	500	435	441	288	226	189	116	394	375
Zr	5.73	8.11	4.02	3.81	46.10	3.88	3.33	2.67	6.69	3.62	2.95	3.28	4.37	3.01	15.50	7.80	165
Nb	2.00	2.00	2.24	2.00	26.90	2.00	2.98	2.00	7.15	5.27	2.09	2.00	2.00	2.00	2.00	4.31	20
Cd	0.04	0.04	0.03	0.04	0.04	0.03	0.05	0.03	0.03	0.03	0.05	0.03	0.05	0.04	0.04	0.04	0.2
Cs	0.81	0.50	0.50	0.50	2.80	0.50	1.64	0.50	0.50	0.50	0.59	0.50	1.04	0.50	1.63	0.87	3
Ba	10.00	10.00	10.00	10.00	932.0	10.00	39.40	10.00	10.00	10.00	14.00	11.50	31.30	20.40	493.0	108.11	430
Hf	1.00	1.00	1.00	1.00	1.46	1.00	1.00	1.00	1.45	1.00	1.00	1.00	1.00	1.00	1.00	1.06	3
Ta	0.20	0.20	0.20	0.20	1.56	0.20	0.12	0.20	7.67	1.83	1.03	0.70	0.20	0.55	0.20	1.01	2
Tl	0.10	0.10	0.10	0.10	0.96	0.10	0.10	0.10	0.10	0.10	0.10	0.10	0.10	0.10	0.14	0.16	0.29
Th	2.00	2.00	5.11	2.00	37.70	2.00	2.00	2.00	4.89	2.97	2.00	2.00	5.40	2.78	2.00	5.12	9.6
U	0.33	0.25	0.37	0.19	11.80	0.42	2.80	0.78	0.56	0.23	0.66	0.14	0.19	0.10	0.55	1.29	2.7

注：测试单位为河南省矿产局第一地质矿产调查院实验室，2019 年。

表4-3　杨山、砭上萤石矿床围岩微量元素分析结果

$(w_B/10^{-6})$

样号	D1/YS1100	D2/YS1100	D4/YS1100	D6/YS1100	D10/YS1100	D1/YS1100	D6/YS1062	D7/YS1062	D8/YS1062	D9/YS1062	D1/BS-PD1	D2/BS-PD1	D3/BS-PD1	D1/MW	D2/MW	均值	地壳含量
样品名称	硅化角砾岩	硅质蚀变岩	方解石脉	强蚀变细粒花岗岩	方解石脉	角砾状硅质蚀变岩	强蚀变细粒花岗岩	强硅化花岗岩	硅质蚀变岩	蚀变中细粒花岗岩	硅化蚀变岩	蚀变花岗岩	黑云二长花岗岩	英安岩	英安斑岩	均值	地壳含量
Li	31.60	47.00	23.10	504.00	41.00	148.00	253.00	135.00	183.00	11.60	141	65.9	22.3	68.7	27.3	113.5	20
Be	10.10	3.02	2.29	4.78	5.07	5.42	6.59	6.21	6.74	4.48	2.89	6.01	4.89	3.67	2.69	4.99	2.8
Sc	1.40	1.65	1.65	2.80	1.76	1.29	1.10	1.91	0.79	2.29	1.33	3.12	3.05	11.7	11.8	3.18	22
V	73.40	22.70	11.40	17.30	12.00	14.70	16.50	35.00	14.50	20.30	22.0	38.3	39.9	22.0	13.5	24.9	135
Cr	20.00	38.60	14.80	46.10	15.10	78.20	127.00	57.40	101.00	57.70	57.5	47.5	55.3	69.0	81.7	57.79	100
Co	1.33	2.20	1.42	2.12	1.77	3.08	6.66	3.11	3.76	2.86	2.62	2.89	5.25	13.6	7.87	4.04	25
Ni	7.32	13.80	12.80	6.21	10.90	13.80	21.80	8.39	16.50	6.90	7.63	6.60	8.37	10.6	13.0	10.97	75
Ga	48.00	9.33	2.00	24.90	5.55	5.70	4.02	24.70	5.48	20.70	10.0	23.8	20.1	21.7	20.5	16.43	15
Rb	22.00	78.70	10.00	349.00	53.30	47.00	31.40	227.00	21.00	244.00	118	235	193	203	122	130.29	90
Sr	2 701	325	450	87	494	296	197	138	255	328	33	35	699	49	104	413	375
Zr	7.54	29.30	3.27	50.80	23.80	14.10	6.68	34.60	3.63	61.90	20.5	50.40	37.80	121	127	39.49	165
Nb	3.74	14.30	2.00	33.00	8.54	8.54	2.63	16.60	2.00	53.20	9.18	41.40	36.30	15.7	18.20	17.69	20
Cd	0.19	0.07	0.06	0.14	0.14	0.08	0.09	0.06	0.19	0.03	0.04	0.05	0.05	0.05	0.08	0.09	0.2
Cs	11.40	5.58	1.00	10.00	2.93	10.30	3.91	14.20	7.01	3.25	8.49	18.50	3.05	11.8	3.64	7.67	3
Ba	688	145.00	15.70	777.00	141.00	197.00	135.00	258.00	141.00	1 249.00	63.0	2 422	2 356	999	1 256	722.85	430
Hf	1.00	1.28	1.00	1.83	1.08	1.00	1.00	1.46	1.00	2.03	1.00	2.24	1.72	2.93	3.60	1.61	3
Ta	0.20	0.93	0.20	2.18	1.69	1.06	0.20	1.18	0.20	5.69	0.51	2.58	2.52	0.86	0.80	1.39	2
Tl	0.42	0.36	0.10	1.75	0.29	0.32	0.17	1.13	0.24	1.31	0.51	0.96	0.87	1.00	0.70	0.68	0.29
Th	2.00	8.53	2.00	16.20	5.23	3.11	2.00	8.07	2.00	28.00	3.92	26.80	34.6	8.49	9.26	10.68	9.6
U	11.00	1.75	5.73	2.81	4.00	4.29	3.38	17.30	5.67	18.00	1.25	3.54	5.69	1.11	1.22	5.78	2.7

注：测试单位为河南省矿产局第一地质矿产调查院实验室，2019年。

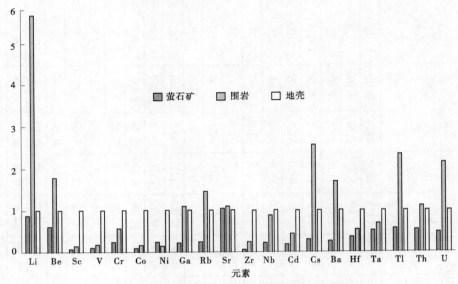

图 4-3 萤石矿、围岩、地壳中微量元素对比柱形图

（地壳元素丰度据 Taylor, 1964）

4.1.3.2 微量元素标准化蛛网图

通过杨山、砭上萤石矿床矿石的微量元素原始地幔蛛网图（见图 4-4）可以看出，除 D9/YS1100、D6/BS-PD1 外，其他萤石矿样品具有近似一致的变化趋势，且 Rb、Th、Sr、Cs、Tl 相对富集，但 Sr、Th 原始含量均一性较差，Ba、Zr 显著亏损，显示出该萤石矿床形成过程中源区的相似性，同时上文提到矿石中 Ni 含量高，可能暗示成矿物质来源中有幔源或下地壳组分的加入（许东青，2009）。D9/YS1100、D6/BS-PD1 两个样品具有不同的变化趋势，同时多种微量元素均一性较差，反映出流体成矿作用具有多期次性或者流体成矿过程中与围岩发生不同程度的水岩反应。

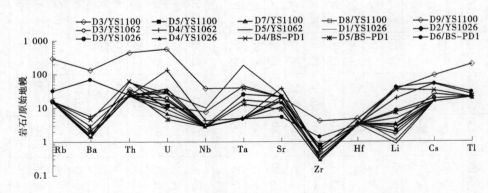

图 4-4 杨山、砭上萤石矿床矿石微量元素标准化蛛网图

（标准化据 Sun et al., 1989）

周珂（2008），赵玉（2016）对合峪岩体微量元素的研究表明，合峪岩体明显富集 Ba、

Sr、Y,而相对亏损 Ta、Lu。本次围岩微量元素原始地幔蛛网图(见图 4-5)反映出完全不同的特征,所有围岩样品微量元素具有近一致的变化趋势,但蛛网图中不易观察出明显富集或者亏损的元素,且除 Sr 外,其他元素的变化范围大,均一性较差。这种微量元素不同特征可能是取样位置不同导致的,前者取自未蚀变的黑云母二长花岗岩,本次样品取自近矿围岩。微量元素近一致的变化趋势表明围岩不同程度都受到深部成矿流体的影响,围岩发生蚀变;均一性较差说明蚀变程度的不均匀性。

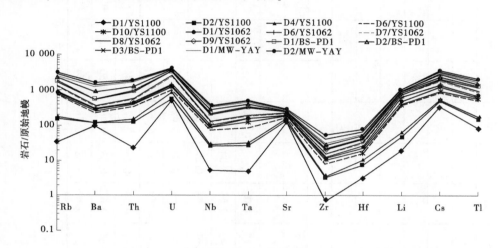

图 4-5 杨山、矵上萤石矿床围岩微量元素标准化蛛网图
(标准化据 Sun et al.,1989)

4.1.3.3 微量元素含量及比值指示意义

1. Ni 元素含量指示意义

Ni 元素一致的高含量指示成矿过程中物质源区具有一致性,同时暗示成矿物质来源有幔源或下地壳物质的加入(薛春纪等,2006)。相比围岩,杨山、矵上萤石矿床萤石中 Ni 具有一致的高含量,且通过相关性分析,认为 Ni 元素与 CaF_2 相关性最高(见表 4-4),可作为判定萤石矿异常区的指示元素,并揭示成矿物质来源一致性并有幔源或下地壳物质的加入。

2. Rb/Sr、Nb/Ta、Zr/Hf 比值

黄从俊等(2015)通过萤石与原始地幔中的 Rb/Sr、Nb/Ta、Zr/Hf 比值对比研究,可以指示萤石成矿流体特征及来源。杨山萤石矿床矿石样品微量元素 Rb/Sr 比值为 $12.35×10^{-3}~448.88×10^{-3}$,平均为 $65.02×10^{-3}$;Nb/Ta 比值为 0.93~17.24,平均为 8.38;Zr/Hf 比值为 2.67~31.58,平均为 6.70;相比于原始地幔相应值(分别为 0.03、17.39 和 36.25)(Sun S S et al.,1989),Nb/Ta、Zr/Hf 比值均低于原始地幔值;15 个矿石样品中有 11 个样品 Rb/Sr 比值低于原始地幔值,4 个样品 Rb/Sr 比值高于原始地幔值,说明 Rb 和 Sr、Nb 和 Ta、Zr 和 Hf 之间发生了不同程度的分异,暗示了在形成萤石矿的过程中,混入成矿流体的围岩范围有限,没有发生大规模的渗入性流体流动,在后期有大气降水的加入。

表 4-4　杨山萤石矿床矿石微量元素相关系数

相关系数	CaF_2	Be	Sc	V	Cr	Ni	Cu	Zn	W	Zr	Nb	Mo	Cs	Tl	Pb	Ba	Rb
CaF_2	1.00																
Be	-0.69	1.00															
Sc	-0.37	0.02	1.00														
V	-0.41	0.69	0.03	1.00													
Cr	-0.64	0.52	0.31	0.07	1.00												
Ni	0.77	-0.55	-0.27	-0.56	-0.18	1.00											
Cu	-0.28	0.02	0.85	0	0.41	-0.05	1.00										
Zn	-0.58	0.39	0.69	0.47	0.23	-0.65	0.54	1.00									
W	-0.53	0.42	0.63	0.43	0.44	-0.50	0.58	0.57	1.00								
Zr	-0.57	0.19	0.91	0.14	0.40	-0.54	0.74	0.76	0.68	1.00							
Nb	-0.59	0.34	0.29	0.31	0.27	-0.73	0.09	0.47	0.43	0.61	1.00						
Mo	-0.64	0.43	0.62	0.11	0.91	-0.23	0.63	0.44	0.61	0.64	0.29	1.00					
Cs	-0.67	0.66	0.26	0.61	0.42	-0.69	0.21	0.51	0.81	0.43	0.46	0.42	1.00				
Tl	-0.69	0.44	0.41	0.36	0.35	-0.81	0.23	0.67	0.54	0.69	0.86	0.39	0.63	1.00			
Pb	-0.81	0.53	0.33	0.21	0.48	-0.72	0.21	0.49	0.31	0.59	0.66	0.47	0.41	0.76	1.00		
Ba	-0.58	0.40	0.45	0.51	0.31	-0.64	0.28	0.57	0.61	0.63	0.83	0.46	0.50	0.67	0.48	1.00	
Rb	-0.67	0.38	0.40	0.31	0.35	-0.79	0.23	0.62	0.57	0.69	0.88	0.38	0.64	0.99	0.71	0.70	1.00

通过上述研究分析,杨山、砭上萤石矿属严格受断裂构造控制的热液脉状萤石矿床。相对围岩微量元素,在矿石中显示 Ni 元素相对富集,暗示成矿物质来源有幔源或下地壳物质的加入,并且可作为判定萤石矿异常区的指示元素;微量元素标准化蛛网图显示,成矿作用具有多期次性、成矿过程中流体与围岩发生不同程度的水岩反应;微量元素比值指示成矿过程中无大规模的渗入性流体流动。

4.1.4 稀土元素地球化学特征

4.1.4.1 REE 含量特征及配分模式

1. 萤石稀土特征

杨山萤石矿萤石及围岩的稀土元素分析结果及特征参数见表 4-5、表 4-6。由表 4-5、表 4-6 结果可以看出,区内萤石矿稀土总量 ΣREE(不包括 Y)介于 $41.91\times10^{-6} \sim 147.25\times10^{-6}$,平均 101.17×10^{-6};轻重稀土比值($\Sigma LREE/\Sigma HREE$)介于 $0.57 \sim 2.21$,平均 0.93,属于重稀土富集型,稀土元素标准化分布型式图表现为轻稀土向右缓倾、重稀土向左倾曲线,形态基本一致。δEu 值介于 $0.63 \sim 0.70$,平均 0.66,变化范围小,表现为轻微的 Eu 负异常,在稀土元素标准化分布型式图 Eu 处显现出微弱的"V"字形(见图 4-6)。La_N/Yb_N 比值介于 $0.25 \sim 1.31$,平均 0.46,La_N/Sm_N 比值为 $1.21 \sim 3.47$,平均 1.67。以上特征表明区内萤石矿具有较好的分馏度,个别地点分馏程度强,轻稀土富集。萤石矿石中 ΣREE 差异较小,说明矿化蚀变过程中没有外来成分的加入,其成矿物质来源较为一致(魏东等,2009)。

2. 围岩稀土特征

区内萤石矿顶、底板围岩主要为燕山期黑云二长花岗岩,多发生硅化。局部地段靠近底板发育有方解石、燧石,呈脉状分布,见有萤石矿包体。

区内黑云二长花岗岩稀土总量 ΣREE(不包括 Y)介于 $51.39\times10^{-6} \sim 232.02\times10^{-6}$,平均 153.54×10^{-6};轻重稀土比值($\Sigma LREE/\Sigma HREE$)介于 $7.72 \sim 19.23$,平均 14.43,属于轻稀土富集型,稀土元素标准化分布型式图表现为明显右倾曲线;δEu 值介于 $0.63 \sim 0.81$,平均 0.70,表现为轻微的 Eu 负异常(见图 4-6)。

区内方解石脉稀土总量 ΣREE(不包括 Y)介于 $33.75\times10^{-6} \sim 65.65\times10^{-6}$,平均 49.70×10^{-6};轻重稀土比值($\Sigma LREE/\Sigma HREE$)介于 $0.94 \sim 3.68$,平均 2.31,属于轻稀土富集型;δEu 值介于 $0.52 \sim 0.63$,平均 0.58,表现为 Eu 负异常(见图 4-6),稀土元素标准化分布型式图表现为"V"字形曲线。

区内燧石脉稀土总量 ΣREE(不包括 Y)为 30.74×10^{-6};轻重稀土比值($\Sigma LREE/\Sigma HREE$)为 3.25,属于轻稀土富集型;δEu 值为 0.68,表现为 Eu 负异常(见图 4-6),稀土元素标准化分布型式图表现为"V"字形曲线。区内燧石脉与区内方解石脉稀土特征具有相似性。

通过对杨山萤石矿主要围岩和脉体进行了稀土元素特征研究,发现杨山萤石矿围岩稀土总量总体高于矿石稀土总量,且呈现出明显右倾的配分模式;不同围岩(脉体)之间稀土元素特征差异较大,其中方解石脉岩的稀土元素配分曲线与萤石矿石的稀土元素配分曲线,燧石脉和强硅化花岗岩的稀土元素配分曲线与硅化蚀变萤石矿石的稀土元素配分曲线有着更为接近的特征。

表 4-5　杨山萤石矿萤石及围岩稀土元素分析结果

$(w_B/10^{-6})$

样品号	样品名称	La	Ce	Pr	Nd	Sm	Eu	Gd	Tb	Dy	Ho	Er	Tm	Yb	Lu	Y
D3/YS1100-CM1	绿色萤石矿	8.55	17.10	2.52	10.50	4.28	1.00	5.13	1.66	14.90	3.51	12.00	2.44	19.50	2.80	117.00
D5/YS1100-CM3	绿色萤石矿	8.55	18.30	2.49	10.80	4.35	0.99	5.33	1.79	16.10	3.71	12.70	2.64	18.90	3.02	127.00
D7/YS1100-CM4	绿色萤石矿	10.80	23.40	3.28	14.20	5.49	1.32	6.84	2.32	19.80	4.73	16.50	3.29	26.20	3.81	164.00
D8/YS1100-CM4	条带状萤石矿	9.71	19.80	2.81	11.40	4.67	1.09	5.28	1.77	16.30	3.64	12.50	2.65	20.20	3.14	115.00
D3/YS1062-YM1	绿色萤石矿	8.41	16.40	2.25	9.37	3.85	0.92	4.53	1.71	14.50	3.37	11.20	2.32	17.80	2.54	126.00
D4/YS1062-YM1	紫色萤石矿	15.20	25.70	2.99	10.80	3.37	0.76	3.97	1.27	10.40	2.54	8.72	1.64	11.70	1.79	90.90
D5/YS1062-YM1	浅色萤石矿	5.36	9.94	1.46	6.07	2.79	0.66	3.38	1.26	11.00	2.70	9.49	1.91	14.40	2.29	96.00
D1/YS1026	白色萤石矿	11.60	25.40	3.58	14.80	5.84	1.38	7.00	2.31	20.30	4.72	16.50	3.35	26.50	3.97	160.00
D2/YS1026	绿色萤石矿	9.18	18.30	2.44	9.03	3.69	0.80	4.09	1.32	11.40	2.66	9.38	1.92	15.20	2.34	88.30
D3/YS1026	紫色萤石矿	8.48	15.70	2.13	8.42	3.30	0.77	3.97	1.36	11.60	2.61	9.59	1.93	14.60	2.24	96.20
D4/YS1026	浅粉紫色萤石矿	8.05	13.00	1.50	4.53	1.46	0.31	1.18	0.40	3.06	0.68	2.40	0.50	4.14	0.70	21.70
D2/YS1100-CM1	硅质蚀变岩	20.00	30.10	3.40	12.00	2.25	0.47	2.05	0.53	3.69	0.89	2.93	0.58	4.56	0.74	30.30
D1/YS1062-400	角砾状硅质蚀变岩	12.80	19.80	2.23	7.40	1.67	0.35	1.62	0.45	3.22	0.76	2.45	0.45	3.24	0.52	30.90
D6/YS1100-CM4	强蚀变细粒花岗岩	47.80	79.90	8.62	27.80	3.59	0.75	3.12	0.39	1.74	0.35	1.17	0.20	1.53	0.26	11.10
D7/YS1062-YM1	强硅化花岗岩	12.90	20.90	2.27	7.67	1.42	0.34	1.06	0.25	1.44	0.31	0.98	0.18	1.45	0.22	10.30
D9/YS1062-YM1	蚀变中细粒花岗岩	59.50	99.40	11.20	40.50	6.77	1.27	5.25	0.72	3.15	0.56	1.62	0.23	1.61	0.24	15.50
D4/YS1100-CM1	方解石脉	5.00	6.56	0.80	2.59	1.16	0.25	1.26	0.48	3.95	1.03	3.71	0.72	5.34	0.90	34.40
D10/YS1100-CM4	方解石脉	14.70	24.30	2.49	8.21	1.65	0.28	1.58	0.43	3.17	0.81	2.88	0.53	3.99	0.63	31.10
D6/YS1062-YM1	玉髓脉	6.87	10.40	1.22	3.81	1.01	0.20	0.72	0.25	1.81	0.43	1.42	0.28	2.01	0.31	19.50
D1/MW-YAY	英安岩	58.50	111.00	14.20	59.50	10.20	2.20	9.37	1.54	8.76	1.84	5.49	0.81	5.16	0.76	40.80
D2/MW-YAY	英安斑岩	79.70	150.00	19.60	79.50	13.40	3.00	12.30	1.96	10.80	2.10	6.29	0.92	5.84	0.86	48.40

注：测试单位为河南省地矿局第一地质矿产调查院实验室，2019年。

表4-6 杨山萤石矿萤石及围岩稀土元素组成的特征参数统计

样品号	样品名称	ΣREE	ΣLREE	ΣHREE	ΣLREE/ΣHREE	La_N/Yb_N	La_N/Sm_N	Ga_N/Yb_N	δEu	δCe
D3/YS1100-CM1	绿色萤石矿	105.89	43.95	61.94	0.71	0.31	1.26	0.21	0.65	0.88
D5/YS1100-CM3	绿色萤石矿	109.67	45.48	64.19	0.71	0.32	1.24	0.23	0.63	0.94
D7/YS1100-CM4	绿色萤石矿	141.98	58.49	83.49	0.70	0.30	1.24	0.21	0.66	0.94
D8/YS1100-CM4	条带状萤石矿	114.96	49.48	65.48	0.76	0.34	1.31	0.21	0.67	0.90
D3/YS1062-YM1	绿色萤石矿	99.17	41.20	57.97	0.71	0.34	1.37	0.21	0.67	0.89
D4/YS1062-YM1	紫色萤石矿	100.85	58.82	42.03	1.40	0.93	2.84	0.27	0.63	0.87
D5/YS1062-YM1	浅色萤石矿	72.71	26.28	46.43	0.57	0.27	1.21	0.19	0.66	0.84
D1/YS1026	白色萤石矿	147.25	62.60	84.65	0.74	0.31	1.25	0.21	0.66	0.94
D2/YS1026	绿色萤石矿	91.75	43.44	48.31	0.90	0.43	1.56	0.22	0.63	0.91
D3/YS1026	紫色萤石矿	86.70	38.80	47.90	0.81	0.42	1.62	0.22	0.65	0.87
D4/YS1026	浅粉紫色萤石矿	41.91	28.85	13.06	2.21	1.39	3.47	0.23	0.70	0.84
D2/YS1100-CM1	硅质蚀变岩	84.19	68.22	15.97	4.27	3.15	5.59	0.36	0.66	0.81
D1/YS1062-400	角砾状硅质蚀变岩	56.96	44.25	12.71	3.48	2.83	4.82	0.40	0.64	0.82
D6/YS1100-CM4	强蚀变细粒花岗岩	177.22	168.46	8.76	19.23	22.41	8.38	1.65	0.67	0.88
D7/YS1062-YM1	强硅化花岗岩	51.39	45.50	5.89	7.72	6.38	5.71	0.59	0.81	0.86
D9/YS1062-YM1	蚀变中细粒花岗岩	232.02	218.64	13.38	16.34	26.51	5.53	2.63	0.63	0.87
D4/YS1100-CM1	方解石脉	33.75	16.36	17.39	0.94	0.67	2.71	0.19	0.63	0.72
D10/YS1100-CM4	方解石脉	65.65	51.63	14.02	3.68	2.64	5.60	0.32	0.52	0.89
D6/YS1062-YM1	玉髓脉	30.74	23.51	7.23	3.25	2.45	4.28	0.29	0.68	0.80
D1/MW-YAY	英安岩	289.33	255.60	33.73	7.58	8.13	3.61	1.47	0.68	0.90
D2/MW-YAY	英安斑岩	386.27	345.20	41.07	8.41	9.79	3.74	1.70	0.70	0.89

注：ΣREE、ΣLREE、ΣHREE单位为10^{-6}；稀土元素总量不包含Y元素；$δEu=2×w(Eu)_N/[w(Sm)_N+w(Gd)_N]$；$δCe=2×w(Ce)_N/[w(La)_N+w(Pr)_N]$；球粒陨石标准化采用Boynton(1984)的数据。

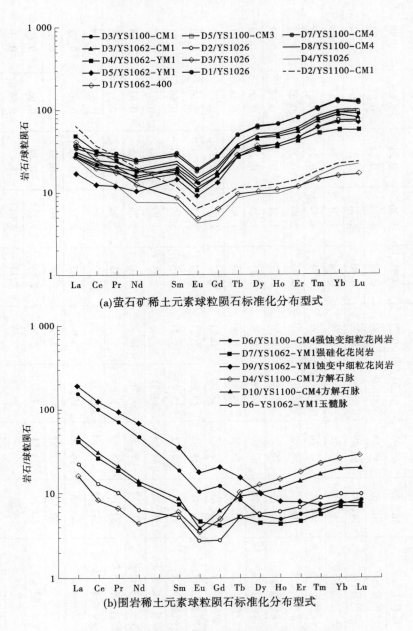

(a)萤石矿稀土元素球粒陨石标准化分布型式

(b)围岩稀土元素球粒陨石标准化分布型式

图 4-6　杨山萤石矿床萤石及围岩稀土元素配分模式

4.1.4.2　δEu 和 δCe 异常分析

通常情况下,稀土元素都以较稳定的+3 价存在,但 Ce 和 Eu 元素易受外界环境条件(如温度、氧化还原条件等)的影响而变价成为 Ce^{4+} 和 Eu^{2+}。因此,Ce 和 Eu 元素异常特征可用来指示流体的温度和氧化还原条件(Bau et al. ,1992;Möller et al. ,1998;Williams et al. ,2000;王国芝等,2003;Schwinn et al. ,2005),Eu 和 Ce 异常通常用 δEu 和 δCe 来表征。

Eu 元素：在强酸性、还原环境中 Eu^{3+} 被还原，以 Eu^{2+} 的形式存在，离子半径增大，不易取代 Ca^{2+} 进入萤石晶格中，沉淀出的萤石显示出 δEu 负异常；在碱性、氧化条件下 Eu^{2+} 被氧化形成 Eu^{3+}（裴秋明等，2015），离子半径减小，此时可取代 Ca^{2+} 大量进入萤石晶格中，显示出明显的 δEu 正异常。当结晶温度较低（200~250 ℃）时，萤石显示 δEu 负异常（Bau et al.，1992；Möller et al.，1998）。杨山萤石矿中 δEu 值介于 0.63~0.70，平均 0.66，均显示负 δEu 异常（见图 4-7），指示该矿床萤石沉淀时成矿流体为成矿温度较低的还原环境。

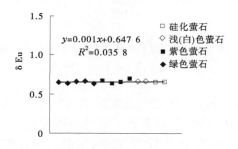

图 4-7　杨山萤石矿床萤石 δEu 值分布

Ce 元素：在氧化条件下，Ce^{3+} 易被氧化形成 Ce^{4+}，而 Ce^{4+} 溶解度很小，易被吸附而脱离流体（Möller et al.，1983），导致从流体中沉淀出来的矿物显示 Ce 负异常。杨山萤石矿中 δCe 值介于 0.84~0.94，平均 0.89，显示弱的负异常，指示成矿流体为弱氧化环境。这与本区 Eu 异常矛盾，可能是成矿流体本身就存在 Ce 亏损，易形成萤石矿的负 Ce 异常。杨山萤石矿 δCe 变化范围很小，具有较好的均一性，与区内合峪花岗岩体的 δCe 值（介于 0.86~0.88，平均 0.87）相似，揭示了成矿流体具有一致或相近的来源，部分成矿物质可能来源于形成合峪岩体同期的岩浆热液。

4.1.4.3　稀土元素图解分析

1. Y/Ho-La/Ho 关系图

Y、Ho 具有相似的元素半径与电子价位，地球化学性质相似，Y/Ho 值常作为示踪流体过程的重要参数（Deng et al.，2014；Graupner et al.，2015；Mondillo et al.，2016）。Bau 和 Dulski（1995）在研究大量萤石矿床稀土元素特征后提出了 La/Ho-Y/Ho 关系图。对于同源同期形成的萤石 Y/Ho 与 La/Ho 值具有相似性，两者趋近于一条直线，大体呈水平分布；重结晶的萤石中 Y/Ho 值变化范围很小，基本不变，而 La/Ho 值变化范围较宽（Bau 和 Dulski，1995）。Veksler 等（2005）研究认为富 F 体系中 Y 元素较 Ho 元素相对富集，一般 Y/Ho 比值大于 28。杨山萤石矿中 Y/Ho 比值介于 31.59~37.39，平均 34.40，变化范围小且明显大于 28；La/Ho 比值介于 1.99~11.84，平均 3.74。从图 4-8 可以看出，杨山萤石矿中 Y/Ho 与 La/Ho 值呈几乎水平分布的特征，指示矿床的成矿流体可能具有一致的富 F 流体来源，且萤石具有硅化萤石→紫色萤石→绿色萤石→浅（白）色萤石重结晶方向演化趋势。

2. Tb/Ca-Tb/La 关系图

Möller 等（1976）在对全球大量萤石矿床研究的基础上，以 Tb/Ca、Tb/La 的原子数比

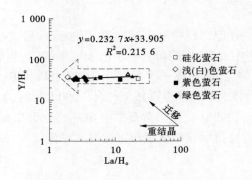

图 4-8　杨山萤石矿床 Y/Ho － La/Ho 关系图

（底图据 Bau et al. ,1995）

值为参数,提出了 Tb/Ca-Tb/La 关系图,能有效地判别出萤石矿的成因类型(伟晶岩气液成因区、热液成因区、沉积成因区)以及成矿流体与围岩是否发生了水岩反应(Schneider et al. ,1975;Möller et al. ,1976;许东青等,2009;邹灏,2013;曹华文等,2014)。Tb/Ca 比值(纵坐标)代表萤石形成时的地球化学环境,反映成矿流体对含 Ca 围岩的交代作用和稀土元素在流体中的吸附作用,具有成因指示意义;Tb/La 比值(横坐标)反映稀土元素的分馏情况和萤石结晶的先后顺序(Constantopoulos et al. ,1988;赵省民等,2002)。杨山萤石矿中的样品全部落入热液矿床区域,且与初始结晶趋势方向大致平行(见图 4-9),表明杨山萤石矿床为热液型萤石矿床,与花岗岩的侵入有着密切的关系,且萤石具有硅化萤石→紫色萤石→绿色萤石→浅(白)色萤石的初始结晶趋势,这与杨山萤石矿床 Y/Ho - La/Ho 关系研究具有一致性。

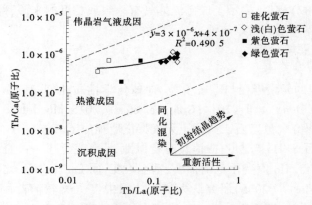

图 4-9　杨山萤石矿床 Tb/Ca － Tb/La 关系图

（底图据 Möller et al. , 1976）

3. (La+Y)－Y/La 关系图

La、Y 元素的地球化学性质与轻稀土元素(LREE)和重稀土元素(HREE)的相关习性很相似(Barbieri et al. ,1983)。在(La+Y)－Y/La 关系图中,Y/La 比值(横坐标)可用于指示稀土元素的分馏程度,La+Y 值(纵坐标)可大致表示为稀土含量。

将杨山萤石矿样品投到(La+Y)-Y/La 关系图(见图 4-10)中,可见杨山萤石矿大部分落在花岗岩区域,少数落在钙碱性花岗岩分布区域内。说明杨山萤石矿在成因上与花岗岩的侵入有着密切的关系,证实了岩浆作用对本区萤石矿形成的影响,这与 Tb/Ca-Tb/La 萤石矿床成因判别图解是吻合的。

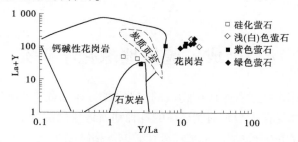

图 4-10　杨山萤石矿床(La+Y)-Y/La 关系图

4. Tb/La-Sm/Nd 关系图

Möller 等(1983)对稀土元素形成过程中的地球化学分馏方面的研究表明,早期形成的萤石相对更富集轻稀土元素,晚期形成的萤石则相对更富集重稀土元素,因此早期形成的萤石 Tb/La 值相对偏低;Chesley 等(1991)通过研究认为早期形成的萤石 Sm/Nd 值相对偏低,同样证实了萤石形成过程中稀土元素的地球化学分馏现象。将杨山萤石矿样品投入 Tb/La-Sm/Nd 关系图(见图 4-11)中,可以看出不同颜色的萤石矿在形成时间存在一定微小的差异,表现为硅化萤石→紫色萤石→绿色萤石→浅(白)色萤石早中晚形成的趋势。这与杨山萤石矿床 Y/Ho-La/Ho 关系、Tb/Ca-Tb/La 关系研究都具有相似性。

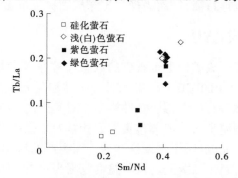

图 4-11　杨山萤石矿床 Tb/La-Sm/Nd 关系图

通过稀土元素地球化学特征研究分析,区内萤石的稀土配分型式属于重稀土富集型,表现为轻稀土向右缓倾、重稀土向左倾曲线,形态基本一致,但与围岩稀土配分型式存在明显不一致。不同颜色的萤石均具有负 Eu 异常特征,指示该矿床萤石沉淀时成矿流体为成矿温度较低的还原环境;存在明显的 Ce 负异常,可能是成矿流体本身就存在 Ce 亏损,易形成萤石矿的负 Ce 异常,与区内合峪花岗岩体的 δCe 值相似,揭示了成矿流体具有一致或相近的来源,部分成矿物质可能来源于形成合峪岩体同期的岩浆热液。

综合矿床地质特征、Y/Ho-La/Ho 关系图、Tb/La-Sm/Nd 关系图、Tb/Ca-Tb/La 关系图,杨山萤石矿床中不同颜色的萤石矿表现为硅化萤石→紫色萤石→绿色萤石→浅(白)色萤石结晶演化的趋势,在形成时间上存在一定微小的差异。

根据 Y/Ho-La/Ho 关系图、Tb/Ca-Tb/La 关系图及(La+Y)-Y/La 关系图,表明杨山萤石矿床各类萤石矿石具有较为一致的流体来源,是与花岗岩的侵入有着密切关系的岩浆热液型萤石矿床。

4.2　成矿流体地球化学研究

流体是热液矿床形成过程中成矿物质的主要载体,具有重要的研究意义。矿物在生长过程中所圈闭的流体保存了当时地质环境的各种地质地球化学信息。矿物流体包裹体是成岩成矿流体在矿物结晶生长过程中,被包裹在矿物晶格缺陷中,至今仍在主矿物中封存并与主矿物有着相同的那部分物质。在流体演化、运移及成矿的不同阶段捕获的流体包裹体是各期流体最直接的记录,含有丰富的成岩成矿信息,是研究成矿作用的天然样品(卢焕章等,2004),是当前成矿流体研究的重要对象。通过流体包裹体研究,对包裹体中的古流体进行定性或定量分析,可以获取成矿流体的温度、密度、压力、成分,以及 pH、Eh、黏度等信息,从而揭示了成矿流体的性质、矿床的成因、成矿物质来源、成矿流体的演化规律(卢焕章等,2004)。众多学者(潘忠华等,1994;牛贺才等,1995;Wang L J et al.,2001;王莉娟等,2001)研究证明,萤石矿床的形成与成矿流体的活动有着非常密切的关系,成矿流体的形成、运移、演化和成矿物质的卸载、沉淀等地质作用则反映了整个成矿过程。

本书研究主要通过对区内杨山、砭上典型萤石矿床中的流体包裹体进行研究,揭示研究区内萤石矿床的成矿流体特征,进而为探讨矿床成因提供依据。

4.2.1　样品采集与分析方法

为了解庙湾—竹园萤石成矿带上萤石矿的成矿流体来源及性质,样品主要采自杨山萤石矿床 PD1100、PD1062、PD1026 三个平硐Ⅲ号矿脉和砭上萤石矿床 PD1 萤石矿脉,均为主成矿期未风化的新鲜萤石矿石,共 20 件样品。对其中的 275 个有效的包裹体片进行了岩相学观测以及显微测温工作。流体包裹体岩相学及显微测温工作由核工业北京地质研究院分析测试研究中心完成,所用测试仪器为英国生产的 LINKAM THMS600 型冷热台及德国 ZEISS 公司生产的偏光显微镜。仪器温度范围为 -196~600℃。-196~30℃时,精度±0.1℃;30~600℃时,精度±1℃。冷冻和加热可控速率范围为 0.1~130℃/min,精确度为 0.1℃。流体包裹体测试过程中,升温或降温速度控制在 5~20℃/min,相变点附近速度控制在 0.5~1℃/min,部分包裹体还进行了反复测温检验,保证了测试结果的准确性。流体包裹体气相成分分析采用日本岛津公司生产的 PE. Clarus 600 气相色谱仪和澳大利亚 SGE 公司生产的热爆裂炉;液相成分分析采用日本岛津公司生产的 DIONEX-500 离子色谱仪。

4.2.2 流体包裹体显微测温

4.2.2.1 流体包裹体岩相学

流体包裹体岩相学研究是包裹体研究的基础,其目的就是建立包裹体与捕获它的主矿物之间的相对时间关系(池国祥等,2003;孙莉,2006)。根据不同矿区,将杨山、砭上矿床萤石样品进行切片,制成包裹体片,针对硅化萤石、紫色萤石、绿色萤石、浅(白)色等不同类型萤石和石英,在偏光显微镜下进行详细的包裹体岩相学观测。按照 Roedder et al. (1984)、卢焕章等(2004)提出的流体包裹体原生、次生的判别依据及包裹体在室温下的相态分类准则,原生包裹体是在主矿物结晶或重结晶过程中,与主矿物同时形成并被主矿物包裹形成的包裹体,在主矿物中随机分布或沿晶面生长,形态呈四边形、圆形、椭圆形、三角形、长条形、扁圆形、月牙形、不规则形等;次生包裹体是主矿物形成后,由于后期构造热事件影响使主矿物破裂产生裂隙或孔隙,后期流体介质进入这些后生裂隙和孔隙,并使主矿物产生部分溶解,之后重新结晶,并圈闭这些后来流体而形成的包裹体,形态呈菱形、六边形、正方形、圆形、椭圆形、四边形、三角形、长条形、扁圆形等,它们常沿切穿主矿物晶体的愈合裂隙分布,反映主矿物结晶之后的地质事件。

萤石具有透明度高、颜色浅等特点,是一种较易富集流体包裹体的矿物,也是本次流体包裹体研究的主要矿物。通过在显微镜下观察发现,萤石矿物中包裹体极为发育,显示出数量多、成群成带状分布、少数独立存在的特点,本次测试过程中主要选取孤立状和部分成排分布的原生包裹体作为研究对象。

按照包裹体的相分类,杨山、砭上矿床流体包裹体类型主要为以呈无色-灰色的富液相的气液两相包裹体(V-L 型)为主,还有少量发育呈深灰色的纯气相包裹体(V 型),此外在石英矿物中见有极少量呈灰色-深灰色的含 CO_2 三相包裹体(C 型)(见图 4-12),本次实验未发现含子晶三相包裹体。各个矿床点的流体包裹体岩相学特征及显微测温结果见表 4-7。

包裹体形态各异,有椭圆状、似椭圆状、近三角状、菱形等,部分为不规则形状,呈拉长的长条状包裹体,长条状原生包裹体的出现在一定程度上反映了该矿床后期经历过一定的构造变形(赵玉,2016);包裹体大小不一,最小 1 μm×4 μm,最大者可达 18 μm×70 μm,多数介于(2 μm×5 μm)~(8 μm×10 μm);气液比一般集中在 5%~10%,少数石英包裹体可达 65%(见图 4-12)。

气液两相包裹体(V-L 型):由气相和液相组成,气液比一般小于 15%,是所有测试样品中最为发育的包裹体,占比达 95%以上。加热升温后,包裹体均完全均一至液相。V-L 型包裹体最大达 18 μm×70 μm,最小为 1 μm×4 μm,一般为(2 μm×5 μm)~(8 μm×10 μm);气相比多数为 5%~10%,少数样品达 15%。包裹体多为椭圆状、似椭圆状、近三角状,少数呈不规则状。

纯气相包裹体(V 型):数量少,测试中共发现 3 个。包裹体大小介于(3 μm×5 μm)~(10 μm×15 μm);气液比达 90%;包裹体形态主要为菱形、三角形及不规则状。加热升温

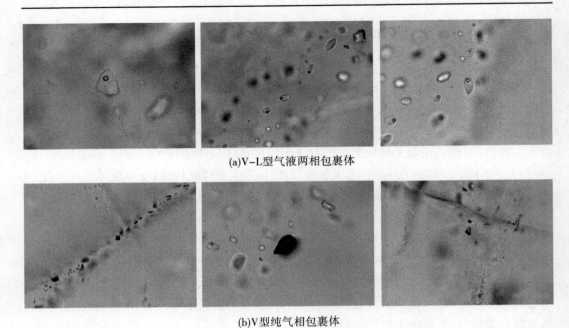

(a)V–L型气液两相包裹体

(b)V型纯气相包裹体

图 4-12　流体包裹体显微照片

后,包裹体完全均一到气相。

　　含 CO_2 三相包裹体(C 型):数量极少,仅在测试中发现 1 个。包裹体大小 4 μm× 6 μm;气液比 65%;包裹体形态为三角形。加热升温后,包裹体完全均一到气相,均一温度 398 ℃。

4.2.2.2　成矿温度及盐度

　　包裹体均一法测温是利用包裹体测定成岩成矿温度的基本方法之一,具有仪器简单、操作方便、实验直观、数据可靠等特点(顾雪祥,2019)。流体包裹体的相态会随着温度的改变发生相应的变化,测试流体包裹体温度的关键就是利用包裹体在相态发生改变的关键点时记录测温。均一法主要是通过将气液两相包裹体的薄片放在热台上加热,随着温度的上升,气、液相的比例会发生明显变化,当升到一定温度时,包裹体相态会从两相或多相转变成一相,即达到均一相,此时的温度称为均一温度(T_h)。例如,在对富液相气液两相包裹体进行测温时,人工将待测包裹体加热,随着包裹体温度的升高,系统压力加大,其相态将发生如下变化:气泡逐渐变小,跳动频率加快,随着温度进一步升高,气泡变为小黑点,直至消失;此时记录下的瞬时温度就是该包裹体的完全均一温度(T_h)。而对于富气相的气液两相包裹体则是气相逐渐变大(或先变小后变大)至液相全部消失,此时记录下的瞬时温度为完全均一温度(T_h)。杨山、矼上萤石矿床中萤石、石英中的流体包裹体显微测温结果见表4-7,均一温度分布直方图见图4-13。所观测的气液两相包裹体全部均一到液相。

表 4-7　流体包裹体岩相学特征及显微测温结果

样品编号	测试矿物	形态	类型（测试数）	大小/μm	气液比/%	均一温度/℃	盐度/(%,NaCl eqv.)	密度/(g/cm³)	备注
F1/YS1100-CM1	胶结状萤石矿	成带状分布	V-L（75）	(3~10)×(3~20)	5~10	131~175	7.86~14.18	0.95~1.03	
F12/YS1100-CM1	绿色萤石矿	成带状分布	V-L、V（43）	(1~10)×(3~20)	5、90	117~409	0.71~8.51	0.45~1.01	
F13/YS1100-CM3	绿色萤石矿	成群状、成群状分布	V-L（51）	(2~20)×(4~70)	5	132~148	6.54~8.98	0.97~0.99	
F14/YS1100-CM4	绿色萤石矿	成带状分布	V-L（84）	(2~15)×(4~30)	5~10	145~161	7.38~9.44	0.96~0.98	
F16/YS1100-CM4	条带状萤石矿	成群、成带状分布	V-L（90）	(2~12)×(5~30)	5~10	143~169	0.71~9.89	0.92~0.99	
QF18/YS1100-CM4	浅色萤石矿	成带、成带状分布	V-L（63）	(1~25)×(4~50)	5~10	122~175	9.59~13.20	0.97~1.01	
F110/YS1100-CM4	浅色萤石矿	成带状分布	V-L（8）	(3~10)×(5~20)	5	131~147	8.19~11.33	0.99~1.01	
F11/YS1062-400	胶结状萤石矿	成群、成带状分布	V-L（11）	(2~15)×(7~40)	5~10	107~162	6.01~13.82	0.95~1.05	
F13/YS1062-YM1	绿色萤石矿	成群状、成群分布	V-L（60）	(4~15)×(6~50)	10	152~164	8.19~9.13	0.96~0.99	
F14/YS1062-YM1	绿色萤石矿	成群状分布	V-L（2）	(2~4)×(4~8)	10	139~141	11.19~11.33	1.00~1.01	
F15/YS1062-YM1	紫色萤石	成群、成带状分布	V-L（60）	(3~20)×(6~70)	5~10	132~156	9.59~12.94	0.98~1.02	
F16/YS1062-YM1	浅色萤石矿	成群、成带状分布	V-L（60）	(3~20)×(6~60)	5~10	135~159	9.89~13.20	0.99~1.02	
F11/YS1026	白色萤石矿	成群状、成群分布	V-L（65）	(3~10)×(7~25)	5~10	145~159	7.21~8.82	0.97~0.98	
F12/YS1026	绿色萤石矿	成群状分布	V-L（50）	(3~6)×(5~40)	5~10	143~162	6.88~9.59	0.96~0.99	
F13/YS1026	紫色萤石矿	成带状、成群分布	V-L（70）	(3~15)×(6~20)	5~10	134~163	7.05~8.98	0.96~0.99	
F14/YS1026	浅粉紫紫色萤石矿	成带状分布	V-L（70）	(4~20)×(8~20)	10	150~179	7.21~13.07	0.95~1.00	
F11/BS-PD1	浅色萤石矿	成带状分布	V-L（52）	(4~15)×(8~25)	5~10	136~163	6.37~7.54	0.96~0.98	
F12/BS-PD1	绿色萤石矿	成群状、成群分布	V-L（80）	(4~15)×(5~25)	10	154~172	1.06~8.98	0.91~0.98	
F13/BS-PD1	紫色萤石矿	成带状分布	V-L（16）	(2~5)×(4~15)	5~15	131~205	1.91~11.89	0.91~1.01	
F110/YS1100-CM4	石英	成群分布	V-L、C（25）	(2~5)×(6~10)	20~65	201~398	0.71~2.63	0.52~1.01	
QF17/YS1062-YM1	石英	成群分布	V-L（16）	(2~4)×(5~20)	5	128~145	6.20~6.37	0.97~0.98	

注：测试单位为核工业北京地质研究院分析测试研究中心，2019年。

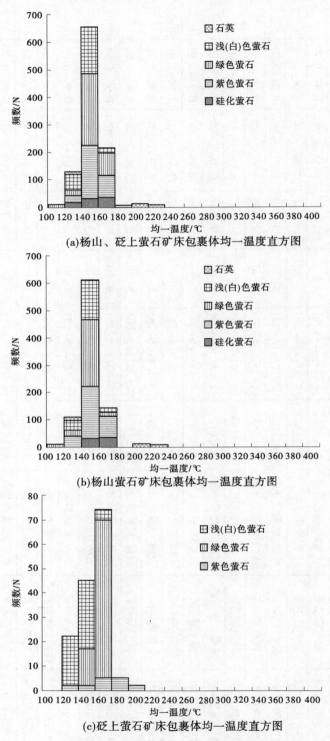

(a)杨山、砭上萤石矿床包裹体均一温度直方图

(b)杨山萤石矿床包裹体均一温度直方图

(c)砭上萤石矿床包裹体均一温度直方图

图 4-13　包裹体均一温度直方图

岩石或矿床是在一定的温度范围内形成的,而且常常经历了若干形成阶段,因此矿物的均一温度应是一个范围而不是一个固定的值(卢焕章等,1990)。根据表4-7及图4-13可知,杨山、砭上萤石矿床中赋存于萤石中的包裹体均一温度介于107~409 ℃,温度区间变化较宽,整个温度呈正态分布,峰值主要集中于140~180 ℃,代表了成矿时流体的最佳温度[见图4-13(a)]。从单个矿床来看,杨山萤石矿床中萤石包裹体均一温度为107~409 ℃,峰值主要集中于140~160 ℃[见图4-13(b)];砭上萤石矿床中萤石包裹体均一温度为131~205 ℃,峰值主要集中于140~180 ℃[见图4-13(c)]。鉴于350 ℃和200 ℃分别是区分高温、中温和中温、低温热液作用的分界线(胡受奚,1982),显示出低温的特点,与前人(赵玉,2016)、陈楼(庞绪成等,2019)对马丢萤石矿床萤石所测均一温度区间值大致相同。

流体盐度的研究是矿床流体包裹体研究中的一项十分重要的内容,由于成岩成矿流体中的盐类成分十分复杂,但通常以NaCl为主,因而往往用NaCl的等量成分$w(\text{NaCl eqv.},\%)$来表示盐度。不同成矿系统中的流体和同一成矿系统中不同阶段流体的盐度都有可能不一样,因此系统研究包裹体中流体盐度,对探讨系统内成矿流体的性质及演化都具重要意义。

冰冻法是研究包裹体流体体系和盐度的基本方法。对包裹体进行显微测温时,首先进行冷冻,在缓慢回温过程中记录冰点温度。通过镜下观察,结合冰点温度以及后文的流体包裹体流体组分分析结果,判定区内流体包裹体属于$\text{NaCl-H}_2\text{O}$体系流体。本次冰冻法对包裹体测试结果显示,所测包裹体的冰点温度均大于−21.2 ℃。

对于盐度低于23.3% $\text{NaCl-H}_2\text{O}$流体,可以根据Hall等(1988)提出的$\text{NaCl-H}_2\text{O}$体系盐度-冰点公式[见式(4-1)],利用冷冻法测量包裹体的冰点温度,通过计算获得流体盐度。

$$W = 0.00 + 1.78T_m - 0.044\,2T_m^2 + 0.000\,557T_m^3 \qquad (4-1)$$

式中,T_m为冰点温度,℃;W为盐度(%NaCl eqv.)。

杨山、砭上萤石矿床主要发育V-L型气液两相包裹体,本章主要讨论V-L型包裹体的盐度。经计算,杨山、砭上萤石矿床流体包裹体的盐度变化介于0.71% ~ 13.82%NaCl eqv.,峰值主要集中在6% ~ 12%NaCl eqv.,整体变化范围不大,反映出成矿流体在物质组分和物理化学状态上具有一致性[见图4-14(a)]。

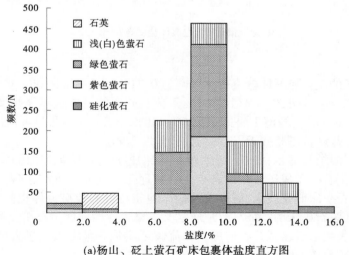

(a)杨山、砭上萤石矿床包裹体盐度直方图

图4-14　包裹体盐度直方图

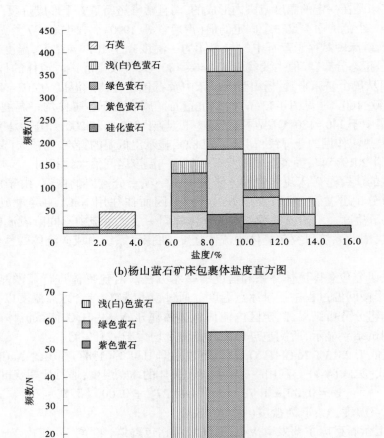

(b)杨山萤石矿床包裹体盐度直方图

(c)砭上萤石矿床包裹体盐度直方图

续图 4-14

　　杨山萤石矿床的流体包裹体盐度变化区间为 0.71%～13.82%NaCl eqv.，峰值主要集中在 6%～12%NaCl eqv.［见图 4-14(b)］。砭上萤石矿床的流体包裹体盐度变化区间为1.06%～11.89%NaCl eqv.，峰值主要集中在 6%～10%NaCl eqv.［见图 4-14(c)］，与杨山萤石矿床成矿流体盐度范围相接近,流体均为低盐度流体。

　　包裹体显微测温结果显示,杨山、砭上萤石矿床成矿流体具有相似的均一温度和盐度,表明研究区内萤石矿床成矿流体具有相似的物理化学性质和沉淀条件。对比研究区周边马丢、陈楼萤石矿床研究成果,区内萤石矿床地质特征和成矿流体也具有相似性,对认识整个豫西地区萤石矿床的特征具有地质意义。整个豫西地区萤石矿流体包裹体普遍呈现低盐度特征,表明形成该区萤石矿的成矿流体可能是一种混入大量大气降水的含矿热水溶液,或者成矿流体本身就是被加热了的大气降水。

4.2.3 流体密度与成矿压力

4.2.3.1 流体密度

流体密度是包裹体研究的一个重要的热力学参数,也是包裹体测定和计算的重要数值之一,它与温度、压力的关系可以用 PVT 关系的状态方程来描述。在流体包裹体研究中,通过测定包裹体中流体的相变温度就可以确定包裹体流体的密度(卢焕章等,2004)。

对于冰点温度大于 -21.2 ℃的 NaCl-H_2O 溶液包裹体,可以利用包裹体的均一温度和盐度根据 $T-w-\rho$(温度-盐度-密度)相图来确定,也可以根据 Bodnar(1983)、刘斌(1998)提出的密度公式[见式(4-2)、式(4-3)]计算得到研究区内萤石矿的成矿流体密度。

$$\rho = 0.992\,3 - 3.051\,2 \times 10^{-2}A^2 - 2.197\,7 \times 10^{-4}A^4 + 8.624\,1 \times 10^{-2}B -$$
$$4.176\,8 \times 10^{-2}AB + 1.482\,5 \times 10^{-2}A^2B + 1.446\,0 \times 10^{-3}A^3B - 3.085\,2 \times$$
$$10^{-9}A^8B + 1.305\,1 \times 10^{-2}AB^2 - 6.140\,2 \times 10^{-3}A^2B^2 - 1.284\,3 \times 10^{-3}B^3 +$$
$$3.760\,4 \times 10^{-4}A^2B^3 - 9.959\,4 \times 10^{-9}A^2B^7 \tag{4-2}$$

式中,ρ 为盐水溶液密度,g/cm^3;$A = T_h/100$(T_h 为均一温度,℃);$B = W/10$(W 为盐度,%)。

$$\rho = A + B \cdot t + C \cdot t^2 \tag{4-3}$$

式中:ρ 为盐水溶液密度,g/cm^3;t 为均一温度,℃;A、B、C 为盐度 w 的函数:

$$A = A_0 + A_1 \cdot w + A_2 \cdot w^2$$
$$B = B_0 + B_1 \cdot w + B_2 \cdot w^2$$
$$C = C_0 + C_1 \cdot w + C_2 \cdot w^2$$

当含盐度为 1% ~ 30% 时,$A_0 = 0.993\,531$,$A_1 = 8.721\,47 \times 10^{-3}$,$A_2 = -2.439\,75 \times 10^{-5}$;$B_0 = 7.116\,652 \times 10^{-5}$,$B_1 = -5.220\,8 \times 10^{-5}$,$B_2 = 1.266\,56 \times 10^{-6}$;$C_0 = -3.499\,7 \times 10^{-6}$,$C_1 = 2.121\,24 \times 10^{-7}$,$C_2 = -4.523\,18 \times 10^{-9}$。

本次研究通过密度公式[见式(4-3)]计算密度(见表 4-7),显示研究区内萤石矿的包裹体密度介于 0.45 ~ 1.05 g/cm^3,平均值为 0.98 g/cm^3,属低密度流体。从单个矿床来看,杨山、矼上萤石矿床包裹体中流体密度平均值分别为 0.98 g/cm^3、0.96 g/cm^3。通过流体密度对比图(见图 4-15),显示研究区内萤石矿床的包裹体密度比较集中,均为低密度流体,此种低密度成矿流体可能是一种上涌的热水溶液(曾昭法,2013;赵玉,2016)。

4.2.3.2 成矿压力和成矿深度

流体包裹体捕获时的压力和深度是矿床研究的重要参数。前人(Roedder 和 Bodnar,1980;Roedder,1984;Brown 和 Hagemann,1995;赵财胜等,2005)众多研究表明,只有在已知流体捕获的确切温度或已知流体捕获于不混溶/沸腾条件下,才能准确估计流体的捕获压力。

先后有不少学者通过研究,提出了成矿流体捕获压力(Haas et al.,1976;邵洁涟等,1986;Bischoff,1991;刘斌等,1999;Driesner 和 Heinrich,2007;Becker et al.,2008)和成矿深度(邵洁涟等,1986;张文淮等,1993;卢焕章等,2004;张德会等,2011)的估算方法。目前,包裹体压力估算均是一种近似方法,因此,研究区内流体包裹体压力的结果可作为一

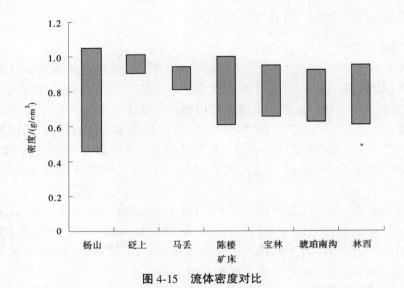

图 4-15　流体密度对比

种参考,通过成矿压力估算,推导出成矿深度和矿体剥蚀程度,为深部地质找矿和成矿地质作用演化提供重要依据。

在以往对萤石矿的研究中,多采用 Bischoff T-ρ 相图进行成矿压力及成矿深度的估算(许东青;2008;曾昭法等,2013;张寿庭等,2014),通过研究区包裹体显微测温所获得的温度和盐度资料进行投图,估算成矿压力,再根据成矿压力估算成矿深度及剥蚀厚度。

邹灏(2013)通过对 Driesner 和 Heinrich 方程[见式(4-4)]、Bischoff 相图法、邵洁涟经验公式法[见式(4-5)]、刘斌等容公式法[见式(4-6)]四种方法对川东南地区重晶石-萤石矿床进行了压力估算。通过计算结果的对比研究,邵洁涟等(1986)的经验公式法在川东南重晶石-萤石矿床成矿压力和成矿深度研究中最为合理。

Driesner 和 Heinrich(2007)提出的气液相流体包裹体压力计算方程:

$$P_{ait} = P_{ait}^{H_2O} + \sum_{n=1}^{7} C_n (T_{ait}^{H_2O} - T)^{C_{nA}} \tag{4-4}$$

邵洁涟等(1986)提出的成矿压力和成矿深度经验公式:

$$T_0 = 374 + 9.20 \times W$$
$$P_0 = 219 + 26.20 \times W$$
$$P_1 = P_0 \times T_h / T_0$$
$$H_1 = P_1 / (100 \times 10^5) \tag{4-5}$$

式中,T_0 为初始温度,℃;P_0 为初始压力值,10^5 Pa;T_h 为成矿实际温度,℃;P_1 为成矿压力值,10^5 Pa;H_1 为成矿深度,km;W 为成矿流体盐度,% NaCl eqv.。

刘斌等(1999)根据 $NaCl$-H_2O 溶液的实验数据,运用最小二乘法、数值插值等计算方法,得到不同含盐度和流体密度的 $NaCl$-H_2O 溶液包裹体的等容式:

$$P = A + B \times T + C \times T^2 \tag{4-6}$$

式中,P 为压力,10^5 Pa;T 为温度,℃;A、B、C 为不同盐度、不同密度下的参数值。

本次研究主要选择邵洁涟等(1986)经验公式法,估算杨山、砭上萤石矿的成矿压力。通过计算可知,杨山、砭上萤石矿床中萤石成矿流体压力变化介于$(68.73\times10^5)\sim(130.02\times10^5)$ Pa,平均成矿压力为97.36×10^5 Pa。其中,杨山萤石矿床中萤石成矿流体压力变化介于$(68.73\times10^5)\sim(114.31\times10^5)$ Pa,平均成矿压力为96.61×10^5 Pa;砭上萤石矿床中萤石成矿流体压力变化介于$(85.84\times10^5)\sim(130.02\times10^5)$ Pa,平均成矿压力为101.68×10^5 Pa。杨山、砭上萤石矿床中石英成矿流体压力变化介于$(81.78\times10^5)\sim(152.50\times10^5)$ Pa,平均成矿压力为122.70×10^5 Pa。

成矿深度也是成矿作用的重要研究内容。成矿深度估算在金、银、铅、锌、钨、钼等多金属矿床中研究使用较广(邵洁涟,1988;卢焕章等,2004;赵财胜等,2005;李诺等,2009;冯佳睿等,2010;翟德高等,2010;文春华等,2011;张德会等,2011),目前在萤石矿研究领域也相应增加(曾昭法,2013;朱斯豹,2013;邹灏,2013;赵玉,2016;庞绪成等,2019)。

除砭上萤石矿床中存在6个包裹体估算压力大于400×10^5 Pa外,其余包裹体估算压力均小于400×10^5 Pa。在这种温压条件下,岩石应处于脆性状态(Fournier,1999),其压力为静水压力体系;同时也符合Sibson(1994)研究的断裂带成矿深度公式估算条件。另外,孙丰月等(2000)研究认为在流体压力小于400×10^5 Pa(深度<5 km)时,可用静水压力梯度计算成矿深度。因此,本次研究区内包裹体的捕获深度采取孙丰月等(2000)在已建立的断裂带内流体压力和深度之间的非线性关系(Sibson,1994)的基础上拟合的深度和压力关系式,即压力除以静水压力梯度(100 bar/km,即100×10^5 Pa/km)计算。通过计算,杨山、砭上萤石矿床成矿深度为$0.69\sim1.30$ km,平均0.97 km。其中杨山萤石矿床成矿深度为$0.69\sim1.14$ km,平均0.97 km;砭上萤石矿床成矿深度为$0.86\sim1.30$ km,平均1.02 km,属于浅成萤石矿床。杨山、砭上萤石矿床中石英成矿深度介于$0.82\sim1.53$ km,平均1.23 km。

4.2.4 流体包裹体的气、液相成分

流体包裹体气、液相成分分析由核工业北京地质研究院分析测试研究中心完成。本次选择与萤石矿密切共生的石英、萤石等矿物,提取分析溶液,采用PE. Clarus 600气相色谱仪分析流体包裹体H_2、N_2、CO、CH_4、CO_2、H_2O(气相)等气相成分;采用原子吸收分光光度仪分析溶液中的Na^+、K^+、Mg^{2+}、Ca^{2+}等阳离子,采用离子色谱仪分析F^-、Cl^-、NO_3^-、SO_4^{2-}等阴离子。所测得的样品包裹体流体中各种化学组分的含量,以浓度计算法算出,气相成分单位μL/g,液相成分单位μg/g。包裹体中气、液相成分的分析结果及特征参数见表4-8和表4-9。

4.2.4.1 气相成分

从表4-8测试结果来看,杨山(YS)、砭上(BS)萤石矿床中流体包裹体的气相成分主要为H_2O(气相),其含量很高,变化范围介于$2.37\times10^4\sim1.44\times10^6$ μL/g,平均2.03×10^5 μL/g,这也佐证了研究区内矿石中流体包裹体以气液两相为主;其次为CO_2,含量$2.01\sim37.50$ μL/g,平均9.16 μL/g;N_2含量$2.11\sim21.30$ μL/g,平均7.20 μL/g;其余为CO、H_2、CH_4等气体。

表 4-8 杨山、砭上萤石床流体包裹体气相成分分析结果统计

样品编号	矿物名称	分析项目($\mu L/g$)					
		H_2	N_2	CO	CH_4	CO_2	H_2O(气相)
F11/YS1100-CM1	萤石	0.614	3.03	0.626	0.428	4.46	1.78×10^5
F12/YS1100-CM1	萤石	0.160	4.52	0.200	0.322	2.06	1.16×10^5
F13/YS1100-CM3	萤石	0.135	3.89	0.220	0.420	2.01	1.59×10^5
F14/YS1100-CM4	萤石	0.154	11.0	0.449	0.358	2.76	6.51×10^4
F16/YS1100-CM4	萤石	0.208	5.63	0.492	0.415	3.38	7.20×10^4
F112/YS1100-CM4	萤石	0.160	8.19	0.494	0.276	2.61	6.49×10^4
F11/YS1062-400	萤石	1.28	3.61	2.10	0.709	8.97	3.43×10^5
F13/YS1062-YM1	萤石	0.242	2.61	0.439	0.323	2.20	4.92×10^4
F15/YS1062-YM1	萤石	1.681	3.60	1.99	0.919	10.2	1.07×10^5
F16/YS1062-YM1	萤石	0.204	4.56	0.364	0.342	4.83	4.52×10^4
F11/YS1062	萤石	0.239	9.98	0.580	0.644	5.06	5.26×10^4
F12/YS1062	萤石	0.180	11.3	0.503	0.324	4.35	3.07×10^4
F13/YS1062	萤石	0.110	9.24	0.329	0.497	3.82	6.85×10^4
F14/YS1062	萤石	0.197	7.69	0.471	0.373	6.10	4.75×10^4
F11/BS-PD1	萤石	0.540	8.75	0.111	0.237	8.56	4.79×10^4
F12/BS-PD1	萤石	0.487	6.15	0.249	0.127	7.86	2.37×10^4
F13/BS-PD1	萤石	1.45	21.30	1.54	0.619	37.50	1.47×10^5
F112/YS1100-CM4	石英	24.7	2.11	37.1	9.94	29.2	1.44×10^6
QF17/YS1062-YM1	石英	1.54	9.63	1.33	0.914	28.2	8.05×10^5

注:测试单位为核工业北京地质研究院分析测试研究中心,2019 年。

4.2.4.2 液相成分

研究区流体包裹体液相成分分析结果(见表 4-9)表明,杨山(YS)、砭上(BS)萤石矿床主要的阳离子中以 Na^+ 为主,其次为 K^+ 和 Mg^{2+}(萤石中 Ca^{2+} 含量未作统计),其中 Na^+ 含量 0.051~6.93 $\mu g/g$,平均 1.158 $\mu g/g$;K^+ 含量 0.042~5.68 $\mu g/g$,平均 0.648 $\mu g/g$;Mg^{2+} 含量 0.004~0.603 $\mu g/g$,平均 0.231 $\mu g/g$;Ca^{2+} 在石英中的含量 1.62~6.31 $\mu g/g$。阴离子主要以 SO_4^{2-}、Cl^- 为主,其次为 NO_3^-(萤石中 F^- 含量未作统计),其中 SO_4^{2-} 含量 0.005~8.56 $\mu g/g$,平均 1.918 $\mu g/g$;Cl^- 含量 0.242~4.15 $\mu g/g$,平均 1.427 $\mu g/g$;F^- 在石英中的含量 3.95~4.41 $\mu g/g$。结合流体包裹气相和液相成分,认为研究区内成矿流体整体表现为 $Na^+(Ca^{2+})-Cl^-(SO_4^{2-})$ 型流体体系,为富 NaCl 的盐水溶液。

表4-9 杨山、砭上萤石床体包裹体流相成分分析结果及特征参数统计

样品编号	矿物名称	分析项目/(μg/g)								特征参数					
		Na^+	K^+	Mg^{2+}	Ca^{2+}	F^-	Cl^-	NO_3^-	SO_4^{2-}	Na^+/K^+	Na^+/Ca^{2+}	$Na^+/(Ca^{2+}+Mg^{2+})$	Cl^-/F^-	Cl^-/SO_4^{2-}	$(Cl^-+F^-)/SO_4^{2-}$
F11/YS1100-CM1	萤石	1.01	0.582	0.473	17.7	14.3	0.951	0.857	1.81	1.74	0.06	0.06	0.53	0.07	0.53
F12/YS1100-CM1	萤石	0.318	0.189	0.275	16.1	13.6	0.620	0.795	0.019	1.68	0.02	0.02	32.63	0.05	32.63
F13/YS1100-CM3	萤石	0.804	0.168	0.026	15.3	13.0	1.713	0.811	0.011	4.79	0.05	0.05	155.73	0.13	155.73
F14/YS1100-CM4	萤石	0.199	0.127	0.116	30.7	12.1	0.340	0.760	0.169	1.57	0.01	0.01	2.01	0.03	2.01
F16/YS1100-CM4	萤石	0.220	0.125	0.091	15.1	12.9	1.16	0.759	1.59	1.76	0.01	0.01	0.73	0.09	0.73
F112/YS1100-CM4	萤石	0.044	0.123	0.027	11.6	10.6	0.242	0.705	0.004	0.36	0.00	0	60.50	0.02	60.50
F11/YS1062-400	萤石	3.86	1.22	0.418	12.3	9.95	3.73	0.820	8.56	3.16	0.31	0.30	0.44	0.37	0.44
F13/YS1062-YM1	萤石	0.326	0.151	0.008	13.2	12.0	0.619	—	0.006	2.16	0.02	0.02	103.17	0.05	103.17
F15/YS1062-YM1	萤石	2.09	0.615	0.222	13.1	9.84	2.41	0.702	4.59	3.40	0.16	0.16	0.53	0.24	0.53
F16/YS1062-YM1	萤石	0.446	0.160	0.189	15.0	11.6	2.71	0.776	0.097	2.79	0.03	0.03	27.94	0.23	27.94
F11/YS1062	萤石	0.735	0.139	0.379	12.7	10.2	0.619	0.736	0.021	5.29	0.06	0.06	29.48	0.06	29.48
F12/YS1062	萤石	0.168	0.114	0.149	13.9	10.5	0.494	0.728	1.54	1.47	0.01	0.01	0.32	0.05	0.32
F13/YS1062	萤石	0.051	0.042	0.004	14.0	12.6	0.872	0.749	0.005	1.21	0.00	0	174.40	0.07	174.40
F14/YS1062	萤石	0.159	0.159	0.048	13.3	12.0	0.300	0.758	0.014	1.00	0.01	0.01	21.43	0.03	21.43
F11/BS-PD1	萤石	0.655	0.503	0.534	15.6	11.6	1.84	0.342	1.32	1.30	0.04	0.04	1.39	0.16	1.39
F12/BS-PD1	萤石	0.752	0.629	0.603	13.4	11.1	1.82	0.472	1.47	1.20	0.06	0.05	1.24	0.16	1.24
F13/BS-PD1	萤石	0.700	0.572	0.561	16.6	13.6	1.81	0.377	2.73	1.22	0.04	0.04	0.66	0.13	0.66
F112/YS1100-CM4	石英	2.53	1.01	0.028	1.62	4.41	0.714	—	2.09	2.50	1.56	1.54	0.34	0.16	0.34
QF17/YS1062-YM1	石英	6.93	5.68	—	6.31	3.95	4.15	0.735	10.4	1.22	1.10	1.10	0.40	1.05	0.40

注：测试单位为核工业北京地质研究院分析测试研究中心，2019年。

流体包裹体的液相成分反映流体成因和流体温度(吕军,2009),一般可以把 Na^+/K^+ 比值用来判别成矿流体来源的参数(Roedder,1972;卢焕章,1990;卢焕章,2004):来源岩浆热液的 Na^+/K^+ 比值一般小于1,而来源沉积或地下热卤水的 Na^+/K^+ 比值较高。研究区成矿流体中 Na^+/K^+ 比值为 $0.36\sim5.29$,平均为 2.10,可能具有地下热卤水的特征。根据 Roedder(1972)提出的确定成矿热液类型的经验指标:当 $Na^+/K^+<2$,$Na^+/(Mg^{2+}+Ca^{2+})>4$ 时,为典型的岩浆热液型;当 $Na^+/K^+>10$,$Na^+/(Mg^{2+}+Ca^{2+})<1.5$ 时,为典型的热卤水型;当 $2\leqslant Na^+/K^+\leqslant10$,$1.5\leqslant Na^+/(Mg^{2+}+Ca^{2+})\leqslant4$ 时,可能为沉积型或层控热液型(张宝琛,2002)。结合石英中 $Na^+/(Mg^{2+}+Ca^{2+})$ 比值介于 $1.10\sim1.54$,平均 1.32,再次证明研究区成矿流体可能具有热卤水型特征。Cl^-/SO_4^{2-} 的比值为 $0.32\sim174.40$,平均为 32.31,Cl^- 的含量高显示成矿流体可能具有海水的特征(邹灏,2013)。

4.3 同位素地球化学研究

4.3.1 氢氧同位素特征

4.3.1.1 样品采集与测试

本次研究针对矿区范围内规模最大的 Ⅲ 号矿脉,在 PD1100、PD1062、PD1026 三个平硐和砭上萤石矿床 PD1 萤石矿脉中对不同矿物共生组合的萤石矿石进行了系统采样。样品首先经过粗选萤石、石英,将选出的样品一部分粉碎到 $30\sim60$ 目,双目镜下人工挑选出纯净的石英、萤石单矿物,得到纯度 99% 以上的单矿物样品,并将其研磨至 200 目,干燥后待用。

萤石、石英的流体包裹体氢同位素测试流程:首先对石英单矿物样品进行清洗,去除吸附水和次生包裹体,再通过加热爆裂法(400 ℃)提取原生流体包裹体中的 H_2O,使之与 Zn 充分反应制取 H_2,供质谱测试。

萤石、石英的流体包裹体氧同位素:采用 BrF_5 法提取矿物氧(Claytonand Mayeda,1963),测试流程如下:取适量样品,于 $550\sim700$ ℃ 与纯 BrF_5 恒温反应而获得氧气,用组合冷阱分离出 SiF_4、BrF_3 等杂质组分获得纯净的 O_2。将纯化后的氧气在 700 ℃ 铂催化作用下与碳棒逐级反应,逐一收集反应生成的 CO_2 气体,供质谱测试。

质谱测试在核工业北京地质研究院分析测试研究中心完成。石英氧同位素采用 Delta V Advantage 型质谱测试仪测试,石英流体包裹体氢同位素和萤石流体包裹体中氧同位素采用 MAT253 型质谱仪测试,测试精度为 ±3‰。

4.3.1.2 氢氧同位素特征

萤石矿物流体包裹体水中的 $\delta^{18}O$ 介于 $-8.9‰\sim-5.5‰$,平均值为 $-7.4‰$;δD 介于 $-88.6‰\sim-76.1‰$,平均值为 $-83.27‰$(见表4-10),由于萤石(CaF_2)不含氢氧元素,矿物本身不存在同位素交换问题,实验测得流体包裹体中水的 $\delta^{18}O$ 和 $\delta^{18}D$ 代表了成矿流体的 $\delta^{18}O$ 和 $\delta^{18}D$ 真实含量(索连忠等,2020);石英矿物流体包裹体水中的 $\delta^{18}O$ 介于 $-3.8‰\sim-2.8‰$,平均值为 $-3.3‰$,δD 介于 $-94.5‰\sim-94‰$,平均值为 $-94.25‰$(见表4-10)。

表 4-10   杨山、砭上萤石矿床萤石、石英的 H-O 同位素组成

序号	样品编号	测试矿物	$\delta D_{V\text{-}SMOW}$	$\delta^{18}O_{水 V\text{-}SMOW}$	$\delta^{18}O_{石英 V\text{-}PDB}$	$\delta^{18}O_{石英 V\text{-}SMOW}$
1	F112/YS1100-CM4	石英	−94	−3.8	−20.3	10
2	QF17/YS1062-YM1	石英	−94.5	−2.8	−19.3	11
3	F12/YS1100-CM1	萤石	−80	−7.1		
4	F16/YS1100-CM4	萤石	−83.1	−5.5		
5	F112/YS1100-CM4	萤石	−83.6	−8.4		
6	F14/YS1062-YM1	萤石	−88.6	−8.8		
7	F16/YS1062-YM1	萤石	−87.3	−6.9		
8	F14/YS1026	萤石	−86.6	−8.9		
9	F11/BS-PD1	萤石	−76.1	−6.9		
10	F12/BS-PD1	萤石	−82.7	−6.7		

注:$\delta^{18}O_{水 V\text{-}SMOW} = \delta^{18}O_{石英 V\text{-}SMOW} - 1\,000\ln\alpha_{石英-水}$,$1\,000\ln\alpha_{Q\text{-}W} = 3.38\times10^{6}\,T^{-2} - 3.4$(Clayton et al.,1972)。

氢、氧同位素数据对于判别成矿流体的来源和性质具有一定的指示作用。将杨山、砭上矿区萤石和石英的氢氧同位素进行 δD-$\delta^{18}O_{水}$ 投图(见图 4-16),数据投影点较为集中,均落于大气降水线右侧,靠近大气降水而远离岩浆水和变质水,与收集到的同区域的马丢萤石矿、石门寨萤石矿床的石英的 H、O 同位素数据,虽有差异,但特征基本一致(刘冰塑,2016;Zhao et al.,2019),该区萤石矿床多处在燕山期花岗岩(合峪岩体)内外接触带的断裂构造带中,与燕山期花岗岩关系密切,故其成矿流体应以大气降水和岩浆水混合流体为主。这佐证了邓红玲等(2017)、梁新辉等(2020)对杨山萤石矿石全岩化学成分分析显示出热液脉状矿床特征的结论;也佐证了流体包裹体研究得出杨山、砭上萤石矿床的成矿流体属低温、低盐度、低密度的 $NaCl$-H_2O 体系流体的低温热液矿床的认识。萤石的成矿温度较低,与成矿相关的岩体应在矿体深部(叶锡芳,2014)。

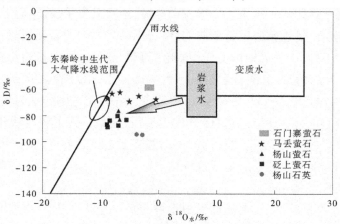

图 4-16   研究区萤石矿床 δD-$\delta^{18}O_{水}$ 图解

(底图据 Taylor,1974)

4.3.2 锶同位素特征

萤石的化学式为 CaF_2,可以通过对其组成元素来源的研究确定萤石成矿物质来源。Ca、Sr 两种元素具有相似的地球化学特性和离子半径,二者常发生类质同象,故通过 Sr 同位素可以示踪萤石中 Ca 的来源(Deer et al. ,1966;Norman et al. ,1983),而萤石 Sr 同位素组成作为示踪成矿流体来源的重要手段,已被前人研究广泛应用(李长江等,1989;Fanlo et al. ,1998;彭建堂等,2001、2003;Schneider et al. ,2003)。Rb 元素则相反,不易与 Ca 发生类质同象(Deer et al. ,1966),这导致萤石矿物相对富 Sr、贫 Rb,即 $w(Rb)/w(Sr)$ 比值很小,所以来自 [87]Rb 衰变形成的 [87]Sr 对原矿物中 Sr 同位素组成影响可以忽略,Sr 同位素可较好地保留原始信息,记录着成矿时成矿溶液的原始 Sr 同位素特征。$N(^{87}Sr)/N(^{86}Sr)$ 是分析成矿流体来源的主要地球化学方法之一,对认识热液矿床的成因具有重要意义。

本次研究采集了杨山萤石矿、砭上萤石矿矿区范围出露的主要岩石黑云二长花岗岩、英安(斑)岩各 2 件进行了 Sr 同位素测试。其中黑云二长花岗岩 [87]Sr/[86]Sr 比值在 0.709 694~0.712 182,均值为 0.710 938;英安(斑)岩 [87]Sr/[86]Sr 比值在 0.760 871~0.765 581,均值为 0.763 226,英安(斑)岩的 [87]Sr/[86]Sr 比值明显大于黑云二长花岗岩的 [87]Sr/[86]Sr 比值。

本次研究在杨山萤石矿 PD1100、PD1062、PD1026 中段采集萤石矿石 4 件,砭上萤石矿 PD1 中采集萤石矿石 2 件,进行为了 Sr 同位素测试。结果显示,[87]Sr/[86]Sr 比值在 0.709 267~0.709 964,平均值为 0.709 605,变化范围很小。与黑云母二长花岗岩中 [87]Sr/[86]Sr 比值相差无几,与英安(斑)岩中 [87]Sr/[86]Sr 比值相差较大,暗示萤石中 Ca 的来源可能与黑云母二长花岗岩同源,即成矿物质来源与黑云母二长花岗岩更为密切。

4.3.3 钐钕同位素特征

为测定庙湾—竹园沟一带萤石矿床成矿年龄,本次采集了杨山、砭上萤石矿区主成矿阶段 12 件萤石矿石,挑选新鲜萤石单矿物,所选用的矿石中萤石无裂隙,流体包裹体中可以保持较好的封闭性,未受后期蚀变作用影响,符合 Sm-Nd 同位素测年对样品的要求。

萤石的 Sm、Nd 含量及其同位素组成见表 4-11。萤石的 Sm 含量为 1.27~5.96 μg/g,Nd 含量为 5.29~14.55 μg/g;[147]Sm/[144]Nd、[143]Nd/[144]Nd 变化范围分别为 0.145 7~0.252 4、0.511 590~0.512 083。利用 ISOPLOT 软件,对萤石样品进行了等时线年龄构筑,发现等时线拟合情况较差,基本无法得到可用的等时线年龄(见图 4-17),可以认为本次 Sm、Nd 同位素测试结果未能完全成功。造成这种结果的原因可能是:①萤石矿物解理较为发育,对形成封闭的同位素体系存在一定困难;②尽管萤石中 Sm/Nd 变化较大,但是大部分萤石样品的 Sm、Nd 含量较低,且生长过程中不可避免地包裹了少量硅质组分,样品溶解可能会将微量硅质岩组分中 Sm、Nd 溶解出来,影响萤石样品的 Sm-Nd 测定结果,不利于构建等时线(刘文刚等,2018)。

表 4-11 杨山、砭上萤石矿床成矿期萤石的 Sm、Nd 含量及其同位素组成

样品原始编号	样品名称	质量分数/(μg/g)		同位素原子比率	
		Sm	Nd	$^{147}Sm/^{144}Nd$	$^{143}Nd/^{144}Nd<2\delta>$
F12/YS1100−CM1	萤石	4.571	11.52	0.239 8	0.512 066<3>
F14/YS1100−CM4	萤石	4.405	11.40	0.233 5	0.512 083<2>
F16/YS1100−CM4	萤石	4.669	11.57	0.243 9	0.512 067<6>
F14/YS1062−YM1	萤石	4.937	11.83	0.252 4	0.512 067<6>
F15/YS1062−YM1	萤石	2.743	8.997	0.184 3	0.511 957<8>
F16/YS1062−YM1	萤石	5.659	14.55	0.235 1	0.512 012<8>
F11/YS1026	萤石	4.915	12.83	0.231 6	0.512 064<8>
F12/YS1026	萤石	4.910	13.45	0.220 6	0.512 059<7>
F14/YS1026	萤石	1.275	5.291	0.145 7	0.511 943<9>
F11−BS−PD1	萤石	2.866	7.489	0.231 3	0.511 640<11>
F12−BS−PD1	萤石	3.434	13.65	0.152 0	0.511 590<5>
F13−BS−PD1	萤石	1.761	7.094	0.150 1	0.511 778<8>

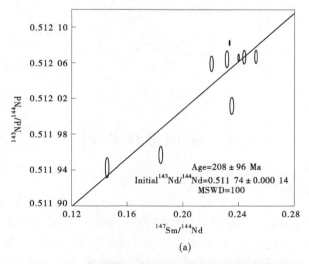

(a)

图 4-17 杨山萤石矿床萤石 Sm−Nd 同位素等时线

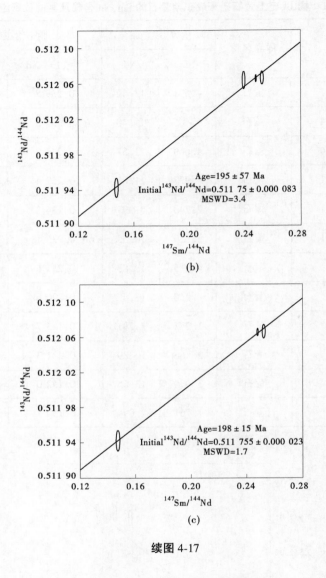

续图 4-17

4.4　矿床成因探讨

4.4.1　成矿时代讨论

　　成矿年代学的研究是矿床成矿系列研究的关键问题之一,矿床成矿时代的厘定有利于建立成矿作用与构造演化的关系(翟裕生,1992;陈毓川等,2016)。非金属矿床成矿时代的准确厘定一直以来都是有待解决的难题。前人针对熊耳山—外方山地区金属矿床进行了大量的成矿年代学研究,但对萤石矿床的成矿时代研究较少。Sm-Nd 等时线法是近年来在萤石定年中运用最广的方法之一(王晓地等,2010),可以反映原岩生成的时间和成岩物质来源。前人研究发现,含钙热液矿床的形成过程中化学性质稳定的稀土元素会替换含钙矿物晶格中的 Ca^{2+},稀土元素内部会发生强烈的分馏作用(彭建堂等,2006),使矿物中的 Sm/Nd 值发生变化,萤石、电气石、方解石等可以通过 Sm-Nd 等时线法获得可靠的成矿年龄数据(陈文等,2011)。

熊耳山地区与早白垩世成矿事件相关的岩体主要可分为大岩基和小斑岩体两类。大岩基主要包括花山岩体和合峪岩体两个岩基,花山岩体大量的锆石 U-Pb 定年数据显示其形成时间集中于 128~142 Ma(李永峰,2005;Mao et al.,2010;聂政荣等,2015);合峪岩体为一复式岩体,锆石 U-Pb 定年数据显示其形成时间集中于 134~150 Ma(周珂,2008;郭波等,2009;高昕宇等,2010;Li et al.,2012)。

本次研究获得杨山、砭上萤石的 Sm-Nd 同位素结果,等时线拟合情况较差,通过对离群样品不断剔除,得到了不同的等时线年龄,基本无法得到可用的等时线年龄。栾川—嵩县一带的萤石矿成矿时间应基本一致,不因赋存岩体(地层)而有较大差异,诸如龙王幢岩体为中元古代的老岩体,太山庙岩体为燕山期(120 Ma 左右),而产于其中的马丢和陈楼萤石矿有着较为一致的成矿年龄。本书研究的杨山、砭上萤石矿虽产于合峪岩体,紧邻太山庙岩体,岩性范围跨度偏大,但总体属于燕山期。杨山、砭上萤石矿的成矿年龄虽未能成功测得,但陈楼、马丢等萤石矿的成矿年龄基本也可代替本次研究杨山、砭上萤石矿的成矿时代。本书在讨论成矿年代所引用数据为邻近的陈楼、马丢萤石矿区已发表的 Sm-Nd 等时线年龄,数据范围为(119.1±4.3)~(120±17) Ma,即该区萤石矿成矿作用发生在燕山晚期早白垩世,稍晚于区域燕山期花岗岩,但二者应为同一构造-岩浆-流体活动的产物(刘纪峰等,2020;赵玉等,2020)。这可能暗示豫西一带萤石成矿时代与华北地块南缘燕山期的成矿时代具有较好的对应关系。

4.4.2　成矿物质来源

萤石(CaF_2)主要成分为 F 和 Ca 两种元素,对 F 和 Ca 的成矿物质来源探讨是研究萤石矿床演化过程的重要依据。区内萤石矿床(点)较多,矿床规模大小不等,发育有杨山、砭上、燕子坡、俩沟、草沟、千佛岭等萤石矿床。

4.4.2.1　F 的来源

F 是萤石(CaF_2)最重要的成矿元素,含量占比 48.67%,因此查明 F 的来源对研究成矿物质来源具有重要意义。杨山、砭上萤石矿床赋存于合峪岩体内外接触带上,是典型的与花岗岩有关的萤石矿床。曹俊臣(1994)通过对华南地区萤石矿床的研究,发现区内有80%以上的萤石矿床与黑云母花岗岩有关,其主要原因是黑云母是花岗岩中 F 的主要挟带者。中国科学院地球化学研究所(1979)研究表明,黑云母中 F 含量占花岗岩 F 含量的40%~70%。花岗岩中黑云母的多少及其成分变化,对 F 的地球化学行为,尤其对萤石等F 矿物或含 F 矿物的形成与矿化起着重要作用。曹俊臣(1994)通过研究发现不同岩性侵入岩中酸性岩含 F 最高;不同时代花岗岩中燕山期花岗岩含 F 最高,均有利于萤石成矿。周柯(2008)研究认为合峪岩体具有高 F 的特征,含量介于 $740×10^{-6}$ ~ $1\,440×10^{-6}$,平均 $1\,024×10^{-6}$,达到中国花岗岩中 F 的平均含量(史长义等,2005)的 2 倍以上。研究区内合峪岩体主要岩性为黑云母二长花岗岩,黑云母含量达 5%~20%。通过稀土元素特征研究,发现萤石矿 δCe 变化范围很小,平均 0.88,与合峪花岗岩体的 δCe 值(平均 0.87)相似,说明萤石矿与合峪花岗岩成矿物质具有一致或相近的来源。综上认为,杨山、砭上萤石中 F 可能来源于形成合峪岩体同期的岩浆热液,其岩浆分异作用晚期富挥发分的物质为萤石矿化提供了 F 来源。

研究区位于华北陆块南缘,岩浆活动强烈,自元古代至中生代燕山期均有发育,而且中生代燕山期岩浆活动最为强烈,150~110 Ma 岩石圈开始减薄,处于伸展减薄阶段,130 Ma 左右造山带全面垮塌,大量的幔源及壳源物质被带入。这与微量元素特征研究中区内萤石相对富集 Ni 元素,可能暗示成矿物质来源有幔源或下地壳组分的加入相吻合。中生代燕山期的酸性-中酸性岩浆侵入活动,可以带出大量的 F 等挥发性组分,通过沿构造裂隙,直接或间接为萤石提供 F 的来源。另外,在含矿高温热流体自深部向浅部运移、沉淀过程中,有利于从围岩中淋滤出 F 元素,从而为萤石成矿提供一部分 F 的来源。

综上,研究认为成矿物质 F 可能主要来源于燕山期的酸性-中酸性岩浆侵入的后热液活动,合峪岩体及其外接触带的火山岩亦可能萤石成矿提供部分 F 的来源。

4.4.2.2 Ca 的来源

钙是地壳中主要元素之一,在各种地质体中有着较高的丰度值。区内萤石矿床(点)主要赋存于合峪花岗岩体的内外接触带上,其中杨山萤石矿床产于合峪花岗岩体内;砭上萤石矿床产于合峪花岗岩体外接触带上的火山喷发地层中。

Ellis(1979)研究表明富 F 流体不一定都富 Ca。探讨萤石矿中 Ca 的来源,首先对围岩中 CaO 的含量进行分析。为此,对区内杨山、砭上萤石矿床的围岩不同产出地层采集了样品,进行主量元素分析,实验由河南省地质矿产勘查开发局第一地质矿产调查院实验室完成,测试结果详见表 4-12。从表 4-12 结果来看,合峪岩体花岗岩中 CaO 含量为 1.5%~3.0%,平均含量为 2.50%;熊耳群英安(斑)岩中 CaO 含量为 0.3%~0.9%,平均含量为 0.60%。合峪岩体中 CaO 含量明显高于中国花岗岩 CaO 含量平均值 1.35%。

表 4-12　围岩地层中 CaO 含量统计结果　　　　　　　　　%

样品编号	岩性名称	CaO
D6/YS1100-CM4	黑云二长花岗岩	3.0
D7/YS1062-YM1	强硅化花岗岩	1.5
D8/YS1062-YM1	硅质蚀变岩	0.5
D2/BS-PD1	硅质蚀变岩	0.6
D3/BS-PD1	黑云二长花岗岩	3.0
D1/MW-YAY	英安岩	0.3
D2/MW-YAY	英安斑岩	0.9

研究区未蚀变花岗岩中 CaO 含量高于蚀变花岗岩中 CaO 含量(见表 4-12),结果表明富 F 成矿热流体在循环淋滤过程中,与花岗岩体或熊耳群围岩发生水岩反应,吸收并挟带来自围岩的钙质成分,为萤石成矿提供 Ca 的主要来源。从 Tb/Ca-Tb/La 图解(见图 4-9)中可以看出,Tb/Ca 比值变化范围较大,也暗示成矿流体可能淋滤了部分围岩,为

成矿提供了一定 Ca 的来源。流体可能在地层深部就开始淋滤并吸收成矿元素,运移了较远距离之后在合适的有利部位沉淀成矿。

4.4.3 成矿流体特征

综合流体包裹体岩相学研究、显微测温及成分测试结果可知,区内萤石矿床流体包裹体以气液两相包裹体(V–L 型)为主;成矿流体温度集中在 140~180 ℃;盐度集中在 6%~12% NaCl eqv.;流体密度变化范围为 0.45~1.05 g/cm³;包裹体气相成分以 H_2O 为主,含有 CO_2、N_2、CO、CH_4、H_2 等,液相成分中阳离子主要为 Na^+,其次为 K^+ 和 Mg^{2+},阴离子主要以 SO_4^{2-}、Cl^- 为主,其次为 NO_3^-。

通过作区内萤石矿床流体包裹体均一温度–盐度双变量关系图(见图 4-18),可以看出本区萤石矿床流体演化的阶段性不明显,且变化范围较大,集中反映出低温低盐度的特征。其中,硅化萤石成矿温度主要集中于 130~170 ℃,盐度主要集中于 8%~10% NaCl eqv.;紫色萤石的成矿温度主要集中于 130~170 ℃,盐度主要集中于 6%~14% NaCl eqv.;绿色萤石的成矿温度主要集中于 140~160 ℃,盐度主要集中于 6%~10% NaCl eqv.;浅(白)色萤石的成矿温度主要集中于 140~160 ℃,盐度主要集中于 6%~12% NaCl eqv.。石英的成矿温度及盐度明显显示出两组:第一组成矿温度主要集中于 130~140 ℃,盐度主要集中于 6%NaCl eqv. 左右;第二组成矿温度主要集中于 200~240 ℃,盐度主要集中于 1% NaCl eqv. 左右。第二组石英的成矿温度明显高于萤石的 130~170 ℃,盐度明显低于萤石的 6%~12% NaCl eqv.,表明成矿晚期形成的石英成矿深度相对大于萤石。成矿阶段不同矿物包裹体中的盐度分布范围均较大,但极值变化相近,并有明显的集中范围,说明成矿过程中成矿流体具有较集中的盐度范围。流体中含有一定量的 H_2 和 CH_4 等还原性气体,显示萤石沉淀过程中出现了偏还原环境;流体中含有 N_2,表明成矿部位不会太深(文化川,1992)。

总体来看,成矿流体属低温、低盐度、低密度的 $NaCl-H_2O$ 体系流体,为富 NaCl 的盐水溶液,从另一面佐证了成矿流体以大气降水和岩浆水混合流体为来源。研究区内萤石矿床成矿流体温度、盐度及包裹体成分,对比华南 200 多个与花岗岩有关的萤石矿床(点)成矿流体显示出低温、低盐度的特征(曹俊臣,1994),具有一定的相似性。

4.4.4 成矿机理探讨

成矿溶液在运移过程中,在构造有利部位,随着外界条件发生变化,在各种机制的作用下,萤石从热液中开始沉淀。前人(Richardson et al.,1979;马承安,1990;韩文彬等,1992;彭建堂等,2002;薛春纪等,2007;赵玉,2016;代德荣等,2018)研究显示,萤石发生沉淀的主要有 3 种机制:①成矿流体温度和压力发生变化;②两种或两种以上化学组成不同的流体发生混合作用;③成矿流体与围岩发生水岩反应。

杨山、砭上萤石矿床流体包裹体显微测温结果显示,成矿流体温度变化范围不大,主要集中在 130~170 ℃,形成温度较低,单纯的冷却作用不应是导致萤石沉淀的主要因素。另外,通过压力估算,成矿压力低且变化不大,而且在包裹体显微测温实验中没有发现流体沸腾现象。由于压力发生变化从稀溶液中沉淀出来的萤石数量,比仅由温度下降而导

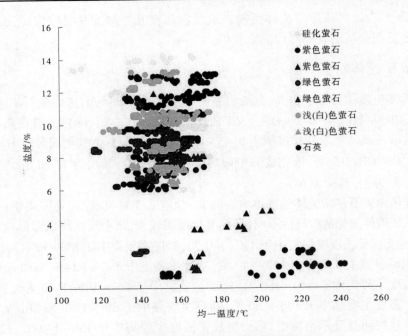

图 4-18　均一温度–盐度双变量关系图

致萤石沉淀的数量要少一个数量级(Richardson, 1979)。据此,由于压力的降低导致的萤石矿沉淀数量应该很少,这与区内发育有多处萤石矿床(点)不相符,故压力变化也不应是萤石发生沉淀的主要机制。包裹体测温资料显示,研究区内的成矿流体盐度主要集中于 6% ~ 12% NaCl eqv. ,流体密度变化范围为 0.45 ~ 1.05 g/cm^3,有较好的均一性,反映出区内成矿流体在物质组分上和物理化学状态上的一致性,表明研究区不应是两种不同性质的流体混合导致萤石的沉淀。

结合野外地质调查,发现近矿围岩蚀变较强,多发生硅化、高岭土化。综合认为,成矿流体与围岩发生水岩反应可能是研究区萤石矿发生沉淀的主要机制,同时可能受成矿流体温度变化的影响。

综合流体包裹体及同位素研究,成矿流体是一种上涌的热水溶液,以大气降水为主。当大气降水沿构造裂隙循环下渗到深部,不断吸取溶解岩体上侵带来的大量挥发组分 F,形成含 HF、F 流体,并随着热液的迁移,淋滤围岩地层中的 Ca 元素,使溶液的矿化度明显增高。由于岩浆地热增温的影响,含矿溶液吸收岩浆熔融热量而使其温度升高,溶解度也相应增大。

在成矿初期,热水溶液中呈气体状态的 SiF$_4$ 首先发生水解析出 SiO$_2$:SiF$_4$+2H$_2$O→SiO$_2$↓+4HF。生成的 HF 留存于热水溶液中,与围岩发生水岩反应,形成硅化、高岭土化等围岩蚀变。

萤石主矿体形成期间,成矿流体呈酸性,含 HF 的成矿流体在与围岩相互作用过程中,从围岩地层中吸取 Ca 元素,并发生化学反应生成萤石(CaF$_2$),主要形成品位较高的条带状、块状萤石。流体与围岩发生水岩反应的主要化学反应式如下(徐旃章等,1991):

$$Ca(HCO_3)_2+2HF \rightarrow CaF_2(萤石) \downarrow +2H_2CO_3$$
$$CaCO_3+2HF \rightarrow CaF_2(萤石) \downarrow +H_2CO_3$$
$$CaO+2HF \rightarrow CaF_2(萤石) \downarrow +H_2O$$

随着流体与围岩发生水岩反应,溶液中 HF 含量减少,成矿流体 pH 由酸性逐渐向中性或弱碱性过渡。Constantopoulos(1988)研究表明,当成矿流体 pH 由酸性向近中性过渡时,流体与围岩间的水岩反应是最有可能导致萤石发生沉淀的机制。当 pH<4 时,CaF_2 的溶解度与 pH 呈负相关关系,溶解度较小;当 $4 \leqslant pH<7$ 时,CaF_2 的溶解度较低且较稳定。SiO_2 的溶解度是随着 pH 的升高而升高的,在酸性条件下,不利于 SiO_2 的大量溶解和迁移;当由酸性变为中性弱碱性时,有利于 SiO_2 的活动和迁移。正是由于 CaF_2 和 SiO_2 溶解度不同而发生差异沉淀,导致在 pH<4 的条件下,SiO_2 首先析出沉淀,并有少量 CaF_2 沉淀;随着成矿流体与围岩发生水岩反应,成矿流体 pH 逐渐增大,此时有利于 CaF_2 从流体中大量析出沉淀(Constantopoulos,1988;彭建堂,2002)。

4.4.5 矿床成因类型

研究区内萤石矿床主要赋存于合峪岩体的花岗岩中,所有矿体产状均严格受断裂构造控制,与断层产状几乎一致,显示矿床受断裂构造充填型的特征。矿床围岩蚀变类型主要为一套中-低温热液蚀变,以硅化为主,高岭土化、绿泥石化、黄铁矿化、绢云母化次之。稀土元素地球化学研究表明区内萤石矿床为热液成因;结合矿床地质特征及包裹体研究成果,综合认为研究区萤石矿床属浅成中低温岩浆期后热液型萤石矿床。

4.5 成矿模式

栾川庙湾—竹园一带萤石矿成矿年代为燕山晚期早白垩世,稍晚于区域燕山期花岗岩,萤石矿体严格受构造断裂带控制,构造产状多样,以北东向、北西向两组构造为主,多为高角度断层;对围岩没有明显选择性,在安山岩和花岗岩中均有分布。同位素数据显示成矿物质来源与燕山期黑云母二长花岗岩关系密切,即以深部幔源物质为主;成矿流体以大气降水和岩浆水混合流体为主。综上初步建立该区萤石矿成矿模式(见图4-19),即研究区萤石矿应为与燕山期花岗岩密切相关的构造-岩浆-流体活动所形成的。

受三叠纪末秦岭微板块、扬子板块、华北板块全面对接和强烈的碰撞造山作用影响,印支末至燕山初期地壳由增生向伸展转化。晚侏罗世—早白垩世,挤压向伸展转变,大规模发育钾长花岗岩和含/富碱中酸性火山岩(如合峪花岗岩,136~116 Ma,以及稍晚于合峪岩体的太山庙岩体)。在合峪期岩体侵入形成的末期,由于碰撞及深部岩浆的脉动压力,在其边部形成了一系列的浅成-超浅成次生小岩枝及侵入体,在120~130 Ma 使区内的成矿达到高潮。

地壳减薄造成合峪、太山庙花岗岩的多期次大规模岩浆侵入,多期次的岩浆侵入和构造运动使区域及岩体内部发生大量断裂,岩浆后期的岩浆富含各种挥发分和矿物质在局部富集成矿,高温的 Mo 首先在某些岩体的边部富集,形成区域内众多的含钼斑岩小岩株和钼矿床;温度较低的气成热液,沿着减压带在合适的场所,由大气降水经断裂入渗,与深

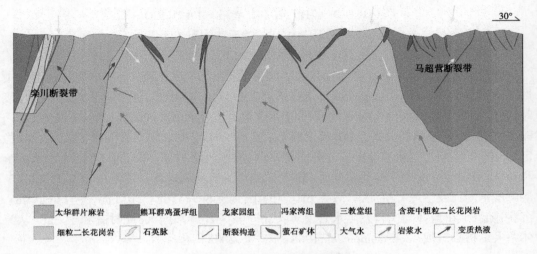

太华群片麻岩　　熊耳群鸡蛋坪组　　龙家园组　　冯家湾组　　三教堂组　　含斑中粗粒二长花岗岩

细粒二长花岗岩　　石英脉　　断裂构造　　萤石矿体　　大气水　　岩浆水　　变质热液

图 4-19　研究区成矿模式示意图

部成矿流体在不同深度发生程度不同的混合并不断淋滤围岩矿质形成混合成矿热液,在适宜的场合富含沉淀形成金矿床;更晚期的中低温热液与围岩发生水岩反应,就近在岩体内的断裂带中或岩体与熊耳群接触带边缘富集,于岩体侵入晚期(120~123 Ma)形成萤石矿床。

5　成矿规律与找矿标志

5.1　成矿规律

5.1.1　矿床空间分布规律

据王振亮等(2013)、成功等(2013)、王吉平(2014)对中国萤石矿床成因类型分类研究,豫西地区萤石矿主要为热液充填型矿床,仅少量为伴生型矿床。已发现的萤石矿主要集中分布在合峪、太山庙花岗岩基的内外接触带,伏牛山花岗岩基北侧以及车村断裂带北侧(见图3-1)。区内萤石产出与岩浆活动,特别是花岗岩类活动有着密切的关系。根据区内萤石矿产出位置,又可以划分为花岗岩基内部、花岗岩基外接触带、火山岩内部以及小侵入岩体附近伴生型几种类型(见表5-1),前三种类型均为热液充填型矿床,且以前两种类型为主。

表 5-1　豫西萤石矿产分布特征

矿床类型	产出位置	代表矿床(点)	地质特征
热液充填型	花岗岩基内部	嵩县陈楼、古满沟、老代沟、韭菜沟、桑树沟;栾川柳扒店、马丢、杨山;汝阳何庄等	矿体主要产于 NE、NW、近 EW 向断裂带中,明显受断裂构造控制,常呈陡倾斜脉状或舒缓波状。萤石常呈浅紫色、浅绿色,少量为深紫色及无色,多形成块状、条带状、脉状集合体,以块状为主
	花岗岩基外接触带	嵩县小涩沟、千洋沟;栾川砭上;汝阳隐士沟等	矿体主要产于花岗岩基与熊耳群之间的接触带的 NW、NE 向断裂带中,受构造控制,矿体呈脉状、网脉状、条带状。两侧围岩为花岗岩、安山岩,围岩蚀变为高岭土化、硅化、绿泥石化
	火山岩内部	嵩县八道沟	矿体赋存于熊耳群近 EW 向断裂构造带中,受构造控制,呈脉状、透镜状产出。顶、底板围岩为英安岩,具高岭土化、硅化
伴生型	小侵入岩体附近	栾川骆驼山	矿体形成于多金属矿床的矽卡岩中,多呈 0.5~2 mm 不规则状集合体,与钾长石伴生,CaF_2 平均品位 7.739%

研究区内萤石矿床属典型的热液充填型矿床,主要产于花岗岩基内外接触带内的断

裂带上,分布有杨山、砭上、燕子坡、俩沟、草沟等萤石矿床。其中,杨山、柳扒店、马丢萤石矿床中矿体主要产于合峪花岗岩基中 NE、NW 向断裂带中,明显受断裂构造控制,常呈陡倾斜脉状或舒缓波状。萤石常呈浅紫色、浅绿色,少量为深紫色及无色,多形成块状、条带状、脉状集合体,以块状为主;砭上、燕子坡、俩沟、草沟萤石矿床中矿体主要产于合峪花岗岩基与熊耳群之间的接触带的 NW、NE 向断裂带中,受构造控制,矿体呈脉状、网脉状、条带状。两侧围岩为花岗岩、安山岩,多发生高岭土化、硅化、绿泥石化。

5.1.2　围岩控矿规律

围岩条件对成矿作用具有重要的控制作用。研究区内萤石矿主要赋存于合峪岩体及其内外接触带内,其赋矿围岩有火山岩、侵入岩,岩性主要为花岗岩、安山岩、英安岩等。往往岩体本身的岩性对能否构成萤石矿化或矿床起着重要作用。产在酸性-中酸性岩浆岩及其接触带的矿床,一般与萤石矿化有关的岩浆岩为酸性或中酸性岩。以酸性花岗岩(包括黑云母花岗岩、花岗斑岩)及某些中酸性岩(如花岗闪长岩、闪长岩)等富 SiO_2 或钙碱性岩石对成矿有利(曹俊臣,1987)。通过区域成矿地质条件、元素地球化学研究,区内岩浆分异作用晚期富挥发分的物质为萤石成矿提供 F 的来源。成矿热流体在循环淋滤过程中,与花岗岩体或熊耳群围岩发生水岩反应,吸收并挟带来自围岩的钙质成分,为萤石成矿提供 Ca 的主要来源。

5.1.3　断裂构造控矿规律

区内萤石矿床成矿必要要素有燕山期侵入岩(花岗岩)和断裂等。其中,燕山期侵入岩为矿床形成的物源条件,断裂是产于花岗岩基内外接触带内的矿床共有的必要成矿要素。

研究区萤石矿床属浅成中低温岩浆期后热液型萤石矿床,严格受断裂构造控制。断裂构造是成矿热液运移、聚集和沉淀的通道和赋矿空间,对矿床形成所起的控制作用极为显著。许多萤石矿床实例表明,在一个矿床或矿区内,总有一个方向的含矿断裂含矿最佳,该断裂往往成为矿区的主导控矿断裂,又称主干断裂(裴秋明,2018)。通过对区域萤石矿床的资料收集整理和实地调研,近东西向、北西(西)向构造是最重要的控矿构造,控制着区内陈楼、柳扒店、杨山、古满沟、砭上、千洋沟等大中型萤石矿床的产出;北东向构造次之,控制着区内中小型萤石矿床。

研究区内矿体呈脉状、似层状赋存于断裂构造破碎带内,控矿断裂以北西向为主,具有断裂规模大、构造岩发育、蚀变强而矿化好的特征。控矿断裂的力学性质、变形特征对萤石矿体的产出形态、空间展布、矿石结构构造发育特征,以及矿体规模、矿石品位等均有重要的控制作用。研究区内控矿断裂多具成矿前、成矿期、成矿后多期活动的特点。其中,成矿前的断裂带发育规模和成矿期的活动强度,对成矿特征与规模具有明显控制作用;成矿后构造活动的主要表现为对矿体的破坏与改造;成矿期控矿断裂两盘相对错动位移,形成脉状分裂空间,为萤石矿成矿热液运移、充填和聚集成矿提供有利空间场所,使得萤石矿化呈带状、舒缓波状弯曲展布。成矿期通常表现为在断裂带产状变缓(变陡)地段矿体具有膨大增厚现象(见图 5-1)。

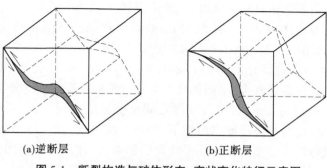

(a)逆断层   (b)正断层

图 5-1 断裂构造与矿体形态-产状变化特征示意图

根据不同含矿构造带的规模大小,萤石矿体浅部矿体多赋存于构造带的顶板(底板),向中深部矿体逐渐赋存于整个构造带(见图 3-3)。在破碎带的顶底板部位、膨大部位、构造带产状发生变化转折部位,是萤石矿化富集的有利地段。

5.1.4 岩浆活动控矿规律

热液充填型萤石矿床多与侵入岩有关(王吉平等,2015),最早形成于加里东期,兴盛于燕山期,主要集中分布于燕山期。燕山期形成的热液充填型萤石矿床探明资源量占全国探明总资源量的 43%左右,占全部热液充填型萤石矿床探明资源量的 93%左右。统计表明,中国 90%以上的萤石矿床与燕山期造山运动有关,且燕山晚期的岩浆活动对成矿更为有利。

热液充填型萤石矿床的形成与高含 F 的源岩有关,矿床周围必然有高含 F 的岩石(王吉平等,2015)。中国科学院地球化学研究所对华南花岗岩类中 F 的含量进行系统测试后得出,随着花岗岩时代的变迁,不仅含 F 量增加,而且含 F 矿物的种类、含量也有规律性的变化。在燕山期花岗岩中,含 F 矿物主要以萤石、黄玉为主。研究区内燕山晚期的岩浆活动强烈,岩浆分异作用晚期富挥发分的物质为萤石矿化提供了充足的 F,对萤石的富集成矿有利。

研究区内萤石矿床属热液充填型矿床,与燕山晚期花岗岩有成生联系。白垩世早期,岩石圈开始减薄,区内发育大规模的岩浆活动,形成了早期的合峪花岗岩基、斑岩,岩浆来自于壳源为主的壳幔混合,形成具 I 型花岗岩特征的 S 型花岗岩,岩体规模巨大,为萤石矿床的形成提供了热动力及成矿早中期的岩浆热液,在构造有利部位形成萤石矿,是萤石矿的重要产出层位。早白垩世晚期,在快速拉张作用下,较晚期的岩体侵位,形成太山庙等 A 型花岗岩,发育晶洞、晶腺构造,钾长石、石英含量高,岩体内部的断裂带多有萤石矿化,显示该期岩体也与萤石矿化密切。总体来看,区内的花岗岩碱性程度愈高,萤石矿化愈好。

5.1.5 主矿脉矿化富集规律

杨山萤石矿为研究区内大型萤石矿床,矿区内规模大的为Ⅲ号矿脉,赋存有Ⅲ₁、Ⅲ₂两个主要矿体,严格受 F3 断裂构造控制。矿体边界清楚,形态多为脉状、透镜状,矿石质量较好。根据杨山萤石矿床Ⅲ号矿脉厚度、品位、权值统计量(见表 5-2)及其相应的直方图(见图 5-2),显示矿体厚度为 0.70~5.32 m,平均 2.13 m,主要集中于 1~2 m,呈正态分布;CaF_2 品位介于 8.81%~75.79%,平均 40.95%,集中分布于 30%~50%,呈明显的正态分布;厚度品位权值数值范围介于 13.24~291.39,平均 86.24,主要集中于 25~100,呈正态分布。通过对矿区内地表露头、不同标高坑道和深部钻孔资料统计分析,在倾向上品位和厚度之间整体呈负相关关系,权值和厚度之间呈明显的正相关关系,即厚度大者品位低,厚度小者品位高;总的趋势由地表向地下,矿脉厚度呈现"薄—厚—薄—厚"的交替变化,深部有变厚的趋势;品位整体呈现平缓变高的趋势,矿体深部未封闭,仍有延伸趋势;权值呈现"低—高—低—高"的交替变化,深部有变高的趋势(见图 5-3)。

表 5-2　杨山萤石矿床Ⅲ号矿脉厚度、品位、权值统计量

统计量	特征		
	厚度/m	品位/%	权值
均值	2.13	40.95	86.24
中值	1.57	41.61	65.74
标准差	1.406	14.058	60.856
极小值	0.70	8.81	13.24
极大值	8.32	75.79	291.39

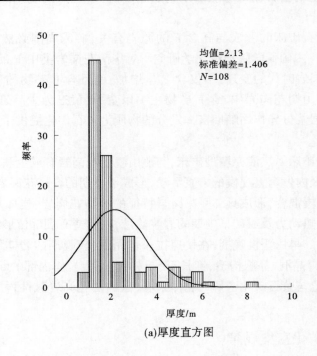

(a)厚度直方图

图 5-2　杨山萤石矿床Ⅲ号矿脉厚度、品位、权值直方图

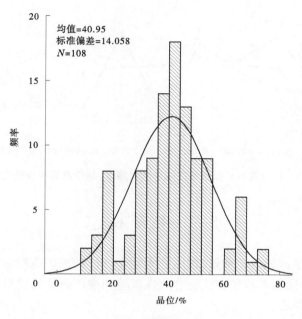

(b)品位直方图

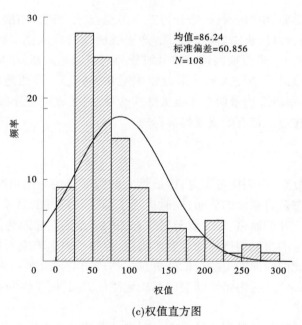

(c)权值直方图

续图 5-2

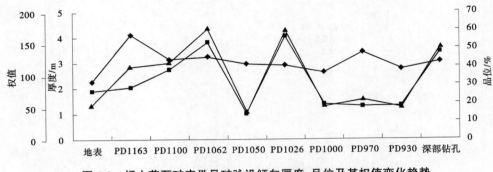

图 5-3　杨山萤石矿床Ⅲ号矿脉沿倾向厚度、品位及其权值变化趋势

5.2　找矿标志

基于区域萤石矿成矿地质背景、典型矿床地质特征和控矿地质条件等成矿规律方面的综合研究,并结合萤石矿找矿方法的有效性试验和推广研究的成果(方乙,2014),厘定区域萤石主要找矿标志。

5.2.1　建造标志

根据赋矿岩石类型,中国萤石矿床分为三个类型:产于酸性–中酸性岩浆岩及其接触带的矿床;产于火山岩及次火山岩中的矿床;产于碳酸盐岩或其他沉积岩、火山沉积岩中的矿床(曹俊臣,1987)。豫西地区萤石矿可划分为花岗岩基内部、花岗岩基外接触带、火山岩内部热液充填型以及小侵入岩体附近伴生型几种类型。豫西地区位于华北板块南缘,横跨华北板块和秦岭造山带两个Ⅰ级大地构造单元,区域广泛分布花岗岩基外接触带的熊耳群火山沉积建造是萤石矿重要找矿标志。

5.2.2　构造标志

区域地质构造复杂,断裂构造发育,区域性大断裂如黑沟—栾川断裂、马超营断裂控制了区内地层的展布及岩浆岩的分布,同时提供了地表与深部的联系通道。区域性断裂往往是岩浆和热液上升的通道,控制着与岩浆有关的一系列矿床的总体分布,北北东向断裂和区域性断裂派生的次级构造往往是容矿构造,控制了内生矿床的具体产出部位,尤其是北北东向断裂与北西西向断裂的交汇处更是岩体产出与矿化的有利场所,许多矿化位于两组断裂的交汇部位。区内张性断裂内部矿化往往较强,而压性断裂内部往往较弱,顺层断裂往往更易成矿。

断裂构造是萤石矿找矿最直接的标志。区内已发现的大中小型萤石矿床及矿化点均与断裂构造有直接的关系,断裂构造为岩浆期后的萤石矿化提供了充足赋矿空间。车村—鲁山断裂是一条规模较大、近期仍在活动的断裂,沿车村—鲁山断裂带两侧,萤石矿化极其发育,特别是断裂带北侧,分布着一系列大中型萤石矿床,该断裂对萤石矿的分布控制作用明显。

5.2.3   岩浆岩标志

区域内侵入岩十分发育,各类型、各时期的岩浆岩广泛分布,尤以燕山期岩浆活动最为强烈。燕山期岩浆活动发生在华北与扬子两大板块对接碰撞,属华北板块陆内造山-板内拉张产物,受中生代板内拉张的影响,燕山期岩浆岩沿北西向构造薄弱带侵入,伴随着岩浆的侵入,在岩体内部及外围形成一系列斑岩型及热液型的钼、铅锌、萤石等金属、非金属矿产。分布在合峪一带的早白垩世第二期第三次侵入的花岗斑岩、细粒花岗岩与成矿关系密切,以钼、铅锌、萤石为主的金属、非金属矿床形成大多与该期次侵入岩有关,如白庙沟钼矿、鱼池岭钼矿均产出于细粒花岗岩中的断裂带内。早白垩世第四期第二次侵入的小斑细粒正长花岗岩及花岗斑岩明显控制着车村北一带萤石矿的形成,萤石矿主要产出于细粒花岗岩的裂隙及断裂带内,说明岩浆岩演化末期成矿作用明显。

区内酸性-中酸性岩浆岩及其接触带是萤石矿的重要赋矿围岩之一,是重要的萤石矿找矿标志之一。区内萤石矿(床)点多分布在合峪、太山庙花岗岩体的内外接触带,壳幔质重熔花岗岩浆在其演化晚期形成富含挥发分的含矿热液,沿花岗岩内及与围岩内外接触带附近不同方向断裂上侵,经充填交代形成萤石矿床。

5.2.4   地球化学标志

根据1:5万水系沉积物测量圈定异常结果,区内F水系沉积物异常发育,异常区均位于合峪岩体内,分布有多处萤石矿床。结合元素组合特征,在车村断裂带北合峪一带白垩世二长花岗岩中W呈高背景分布,Au、Ag、Mo、Bi、Hg、F呈极强分异分布,岩体中Au、Ag、Mo、F等元素存在局部富集现象,是寻找萤石等矿产的有利地区;太山庙一带早白垩世正长花岗岩中Mo、W、Sn呈富集分布,Bi呈高背景分布,Au、F呈极强分异分布,是寻找萤石等矿产的有利地区。区内Au、Ag、Mo、F或Au、F元素地球化学组合异常区是寻找萤石矿的有利区域。另外,区域地球化学F元素异常分布区(带)、土壤地球化学F元素高值异常带以及Ca元素高值异常带(异常部位通常会向低地形一侧或往矿带倾向一侧偏移)都是寻找萤石矿的有利区域。

5.2.5   地球物理标志

区域1:20万重力异常特征显示,车村断裂总体位于重力异常低值区(带)上;花岗岩分布区为明显的重力异常低值区。区域地球物理重力异常低值区(带)往往反映断裂构造和花岗岩分布,是寻找萤石矿的有利区域。合峪地区1:5万区域地质矿产调查高精度磁测异常特征显示,区域上断裂构造位于相对高磁背景中的低磁异常带上,断裂构造的交汇部位通常是萤石矿找矿潜力较大的区域。另外,甚低频电磁法VLF-EM电性异常明显的低阻异常带,地面伽马能谱测量低值异常带(TC、K、U、Th示同步低值特征)或高(蚀变带)→低(矿体)异常过渡带、梯度带,EH4(深部地球物理)明显的低阻异常带,都是寻找萤石矿的有利区域。

5.2.6　遥感信息标志

区内1∶5万遥感解译成果显示,铁染异常的分布与断层、岩体的分布关系密切,特别是在侵入体的内外接触带或断裂构造交汇部位常见。铁染异常对断裂带、成矿有利部位具有较好的指示性。从遥感铁染异常信息提取图上,区内萤石矿床、矿(化)点及萤石矿堆(渣)地段一般为三级铁染异常晕,与遥感影像解译图上紫色色调基本相吻合。铁染异常较高,并在遥感影像解译图上显示紫色色调的地区是寻找萤石矿的有利区域。

5.2.7　围岩蚀变标志

萤石的成矿过程中由于热液交代作用会产生强弱不同的围岩蚀变。从围岩蚀变的类型和产状来看,研究区内萤石矿床的围岩蚀变主要发育硅化、绢英岩化、碳酸盐化、绿泥石化及高岭土化等[图3-4(a)～(d)]。近矿围岩蚀变主要为中低温热液条件下形成的硅化、绢英岩化及碳酸盐化,其中硅化多为硅质(玉髓)条带与萤石集合体相间分布。与萤石矿化有密切关系的蚀变主要为硅化、绢英岩化。硅化主要见于近矿体部位,一是伴随萤石矿化形成脉状、条带状硅质岩,由隐晶质玉髓组成;二是沿破碎裂隙充填的石英和萤石-石英细脉。在断裂构造破碎带内,其碎裂岩和部分构造角砾的原岩多为围岩中的二长花岗岩,经后期热液变质作用后,部分长石晶体完全或部分蚀变为显微鳞片状绢云母及细小石英集合体,形成绢英岩化。绢英岩化蚀变强的部位裂隙发育,有细脉状、网脉状萤石矿充填,亦多为矿体赋存部位。

以花岗岩为围岩的萤石矿床同硅化、绢云母化关系密切,以熊耳群火山岩为围岩的萤石矿床同硅化、碳酸盐化关系密切。沿断裂构造破碎带呈线性分布的硅化、绢英岩化是萤石找矿的直接标志。

5.2.8　地形标志

纯度较高的萤石矿脉或伴有硅化的萤石矿脉,由于硬度高且理化性质稳定,具有抗风化的特征,因此在野外局部往往形成明显的脊骨状正地形地貌,是野外萤石矿找矿标志之一。另外,串珠状鞍部负地形地貌也是野外萤石矿重要的找矿标志之一。

5.2.9　其他标志

由于萤石矿有鲜艳的颜色、良好的观赏性、易于辨认的特征,多数地表出露且矿化较好的地段都有民采和古采遗迹,因此民采露头、浅坑及老硐等历史采矿遗迹,是最直接的找矿标志。

6　成矿预测及找矿方向

目前,勘查找矿的主体已由浅部矿、易识别矿向隐伏矿、深部矿、难识别矿转移。现代成矿预测研究的理论、技术方法亦呈现出多样化交叉组合使用的新局面(赵鹏大,2001;曹新志,2001;沈远超,2001;戎景会,2012)。根据成矿预测尺度可分为大区(全球)、区域和矿区(体)三类,从传统方法向地、物、化、遥等综合预测发展,传统的定量数值科学方法与计算机 GIS 图形图像可视化技术、多源信息相结合,是进行区域成矿预测和大比例尺矿体定位预测的有效途径。矿体定位预测是随着大比例尺成矿预测研究工作的深入而提出的一项新的研究难度较大的研究课题,其对矿床勘探及众多矿山增储延寿都具有非常直接及现实的指导作用,但由于成矿信息及其相对成矿过程的复杂性,以往的矿体定位预测的准确度不高(曹新志,2001)。探讨矿体定位预测的有效途径及方法是提高预测准确度的前提。部分专家学者(赵鹏大,2001;曹新志,2001)从不同方面对大比例尺成矿预测和矿体定位预测的有效途径进行了探讨,为矿体定位预测研究提供了较好的基础。

本次工作结合研究区实际,运用齐波夫定理开展全区潜在资源总量预测;利用 MRAS 软件对栾川庙湾—竹园萤石成矿区进行区域找矿靶区预测;在资源总量预测及区域找矿靶区预测的基础上,选择典型矿床主要矿脉,借助 GIS 的空间分析技术,进行中深部矿体趋势预测。

6.1　潜在资源总量预测

6.1.1　齐波夫定律预测原理

齐波夫预测利用矿床产出规律,只需少量的数据,就可对某一成矿远景区的资源量和矿床数作出预测,尤适用于基础地质研究程度较低的成矿远景区(刘庆生等,1999)。齐波夫定律是美国哈佛大学齐波夫教授于 1949 年提出的一种概率分布模型,它实质上是一种离散型概率分布模型,起源于语言学中单词出现频率的研究,把出现频率最高的词的等级值(秩)记为 1,次高的词的等级值记为 2,即按照出现频率的大小依次排列,建立了单词频率的齐波夫系列,齐波夫系列存在一个有趣的规律,频率值(F)与秩(R)的乘积为一个常数,即 $FR=K$。后来,人们发现这种规律广泛存在于自然科学和社会科学中。该定律可以表述为:"如果有一组随机数,将其从大到小排序后,如果最大数为次大数的 2 倍,是第 3 大数的 3 倍……依次类推,则数组服从于齐波夫分布律"。其数学表达式为

$$F_1 R_1 = F_2 R_2 = F_3 R_3 \cdots F_n R_n = K$$

式中,R_n 一般用自然数 1、2、3、…、n 表示。因此,上式又可写成

$$F_1 = 2F_2 = 3F_3 = \cdots n F_n = K$$

由上式可见,当 $R=1$ 时,研究对象对应值等于常数 K。即 $F_1 = K$。只要求得最大值

F_1 或 K 值,则各级的值分别为 $K/2, K/3, K/4 \cdots K/n$。

1977 年,澳大利亚地质学家 N. j. 罗兰兹等首次应用齐波夫定律预测了赞比亚铜矿,获得成功,他指出:"矿体跟一切自然现象一样,它们都是观察现象的函数"。近些年来,我国地质工作者也相继采用该定律对有色金属和贵金属矿产资源进行预测,预测效果都比较好。但该方法仅能预测矿床的数量和资源量,它并不能确定矿床的具体位置。该方法与定位预测相结合是进一步发展的方向。

6.1.2 预测方法及结果

齐波夫定律预测方法使用的参数为已知矿床数量及其查明的资源储量,本次研究收集了栾川庙湾—竹园萤石成矿区中型以上规模的矿床的资源储量数据,进行了区域萤石矿的潜在资源预测。栾川—嵩县萤石成矿带中主要矿床的已查明资源量见表 6-1,齐波夫系列值的计算和最佳系列的确定见表 6-2。

表 6-1 栾川庙湾—竹园萤石成矿带主要矿床的已查明资源储量

行政归属	栾川	栾川	栾川	嵩县	嵩县
矿区	杨山	马丢	砭上	玉皇坡	桑树沟
CaF_2/kt	1 412.16	818.05	619.81	386.4	210.2
编号	F1	F2	F3	F4	F5
F_n/F_1		0.579 289 88	0.438 909 2	0.273 623 4	0.148 849 99

表 6-2 栾川庙湾—竹园萤石成矿带主要矿体的系列值及其均值和标准差

序号	$R_n F_2/F_1$	$R_n F_3/F_1$	$R_n F_4/F_1$	$R_n F_5/F_1$	均值 $\overline{X}$	标准差 S
1	1.158 579 76	0.877 818 4	1.094 493 5	1.041 949 9	1.043 210 401	0.104 038 648
	2	2	4	7		
2	1.737 869 646	2.194 545 94	1.915 363 7	1.935 049 85	1.945 707 285	0.162 904 478
	3	5	7	13		
3	2.896 449 411	3.072 364 32	3.009 857 24	2.976 999 77	2.988 917 686	0.063 431 507
	5	7	11	20		
4	4.055 029 175	3.950 182 7	4.104 350 78	4.018 949 69	4.032 128 087	0.056 190 066
	7	9	15	27		

首先,按大小排列,并求取各已知矿床(脉)资源储量与最大已知矿床(脉)资源储量计算比值(F_n/F_1)(见表 6-1),利用 F_n/F_1 的比值乘以自然数,建立起接近自然数的序列,并计算各序列的均值($\overline{X}$)及标准差(S)(见表 6-2)。再次,最优序列及 K 值。选取最优序列的原则是,序列的均值最接近该序列的序数(自然数),并且使其标准差最小。经计算,第 2 序列的均值为 1.995 8,最接近序数 2,标准差为 0.004 2,也是最小。于是,可得以下结果:$F_2/F_1 \times 5 \approx F_3/F_1 \times 7 \approx \cdots \approx F_5/F_1 \times 20 \approx 3$,即 $5F_2 \approx 7F_3 \cdots \approx 20F_5 \approx 3F_1$。

显然 F_1 等级值为 3。而最大矿床的等级值为 1，其相应的 K 值[预测的最大矿床（脉）资源储量]为：$K=(3F_1+5F_2+7F_3+11F_4+20F_5)/5=422.40$。

最后，建立矿床（脉）资源储量预测表（见表 6-3）。理论资源储量 $Y_i=K/R_i$，序数值取至 20。

表 6-3 主要矿床（脉）资源储量预测

序号	理论值	探明储量/kt	绝对误差	相对误差	矿床预测比例/%		矿床实际比例/%	
					百分比/%	累计	百分比/%	累计
1	4 223.96		4 223.96		27.86	100.22	0	
2	2 111.98		2 111.98		13.93	72.36	0	
3	1 407.987	1 412.16	−4.17	−0.30	9.29	58.43	9.31	22.73
4	1 055.99		1 055.99		6.96	49.15	0	
5	844.792	818.05	26.74	3.17	5.57	42.18	5.39	13.42
6	703.993 3		703.99		4.64	36.61	0	
7	603.422 9	619.81	−16.39	−2.72	3.98	31.97	4.09	8.02
8	527.995		528.00		3.48	27.99	0	
9	469.328 9		469.33		3.10	24.51	0	
10	422.396		422.40		2.79	21.41	0	
11	383.996 4	386.4	−2.40	−0.63	2.53	18.63	2.55	3.93
12	351.996 7		352.00		2.32	16.10	0	
13	324.92		324.92		2.14	13.78	0	
14	301.711 4		301.71		1.99	11.63	0	
15	281.597 3		281.60		1.86	9.64	0	
16	263.997 5		264.00		1.74	7.79	0	
17	248.468 2		248.47		1.64	6.04	0	
18	234.664 4		234.66		1.55	4.41	0	
19	222.313 7		222.31		1.47	2.86	0	
20	211.198	210.2	1.00	0.47	1.39	1.39	1.39	1.39

潜在 CaF_2 矿物资源总量 $Q=K(1+1/R_2+1/R_3+\cdots+1/R_{205})=422.40\times(1+1/2+1/3+\cdots+1/20)=1\,516.40$（万 t），见表 6-3。扣除已查明 344.66 万 t，尚有 1 171.74 万 t 未查明。

6.2　区域找矿靶区预测

6.2.1　找矿预测方法

成矿预测是在各种地质物化探信息综合研究和成矿规律总结的基础上,建立找矿地质预测模型,进行区域找矿靶区预测。本次利用 MRAS 软件对栾川庙湾—竹园萤石成矿区进行区域找矿靶区预测。首先,针对典型矿床(包括已发现矿床)地质、化探、遥感、重砂等方面的特征研究,通过综合对比分析,最终将矿体特征、成矿物化条件、控矿因素、预测标志、成矿规律等数据及其变化趋势,基于 MRAS 的证据权重法空间分析功能,圈定最小预测区(成矿预测区)范围。

6.2.2　成矿预测要素分析

6.2.2.1　综合信息预测要素

通过对典型矿床特征进行研究,总结典型矿床及外围基础地质调查和矿产勘查工作成果,开展大地构造、区域地质矿产分布、区域地质建造、区域成矿规律、找矿标志等的分析研究工作,结合区域地质特征、研究区已知矿床(矿点)及化探异常特征等,确定庙湾—竹园萤石成矿区综合信息预测模型(见表6-4)。

表 6-4　庙湾—竹园萤石成矿区综合信息预测模型

成矿要素		描述内容	预测要素分类
大地构造位置	构造背景	华北板块南缘与北秦岭造山带交接部位	必要
岩浆活动	侵入岩时代	晚侏罗世—早白垩世	必要
	侵入岩种类	花岗岩类	必要
	岩体产状	岩基、岩株	重要
成矿时代	成矿时代	燕山晚期	必要
	成矿环境	中生代岩浆侵入环境	重要
控矿构造特征	构造特征	主要为北西向断裂带(倾向南西);近东西向缓倾断裂(南倾为主);次要北东走向断裂带(倾向北西);北北东—近南北向断裂带(东倾为主)	必要

续表 6-4

成矿要素		描述内容	预测要素分类
成矿特征	矿体形态及赋存部位	矿体以脉状、透镜状赋存于含矿构造蚀变岩带	重要
	主矿体特征	矿体呈脉状、透镜状分布,具分支复合特征	重要
	矿物组合	主要为萤石,次为硅质(隐晶玉髓)、石英及长石(钾长石和斜长石),少量绢云母、方解石等	重要
	结构构造	半自形–自形粒状结构、自形粒状结构、粒状集合体结构及半自形–他形粒状结构等;块状构造、角砾状构造、条带状构造、细脉–网脉状构造、团块状构造等	次要
	蚀变特征	围岩蚀变主要有硅化、绢云母化、碳酸盐化,其中硅化、绢云母化与矿化的关系密切	重要
	成矿物化条件	主成矿阶段温度 130~170 ℃	重要
	成矿物质来源	综合分析,认为 F 主要来源于燕山期的酸性–中酸性岩浆侵入的后热液活动,合峪岩体及其外接触带的火山岩提供部分 F 的来源;Ca 主要来源于成矿热流体循环淋滤并吸收花岗岩体或熊耳群的钙质成分;氢、氧同位素认为萤石的成矿流体来源于岩浆水和大气降水混合流体	重要
物化遥特征	物探特征	1:1万物探综合异常,1:20 万重力异常	次要
	化探异常	1:5万水系沉积物测量与萤石成矿关系密切的 Au、Ag、Mo、F 及 Au、F 等元素地球化学组合异常	重要
	遥感特征	遥感羟基和铁染异常强烈	次要

6.2.2.2　预测要素分析

区内萤石矿床(点)主要集中分布在合峪、太山庙花岗岩基的内外接触带上,随远离岩体内外接触带矿床(点)数量逐渐减少,规律性较强,燕山期花岗岩的侵入活动与本区萤石矿形成关系密切。区内萤石矿床(点)全部受断裂构造控制,断裂构造为成矿热液运移、聚集和沉淀提供通道和赋矿空间,其中近东西向、北西(西)向构造是最重要的控矿构造,控制着区内大中型萤石矿床的产出,也有部分矿床产于北东向断裂中。因此,燕山期中酸性侵入岩体、断裂构造是必要预测要素。

根据1:5万水系沉积物测量资料,Au、Ag、Mo、F 等元素的地球化学异常发育,分布于多处萤石矿床。区内 Au、Ag、Mo、F 或 Au、F 元素地球化学组合异常区是寻找萤石矿的有利区域。在合峪镇竹园沟—大干沟一带分布 F 异常规模较大,浓集中心明显,强度高,具有明显的内、中、外浓度分带,该异常区呈不规则状展布,区内杨山萤石矿床与异常浓集中心套合较好。因此,区内 Au、Ag、Mo、F 或 Au、F 元素的高值区为重要预测要素。

6.2.3　预测找矿靶区圈定

6.2.3.1　预测找矿靶区圈定的方法及原则

　　本次成矿预测工作在合峪庙湾—竹园萤石成矿区开展,预测区范围明确。区内萤石矿为浅成中低温岩浆期后热液型萤石矿床,矿产预测类型明确。通过对杨山、砭上等典型矿床和预测要素进行研究,完成了预测评价模型的建立。在对预测要素数字化、定量化、图层提取等工作的基础上,下一步进行最小预测区的圈定和优选工作。本次找矿预测工作采用中国地质科学院矿产资源研究所研发的 MRAS 软件进行潜力评价,采用证据权法圈定最小预测区。

　　证据权法是一种基于二值图像的地学数学模型,通过对与矿产资源相关的地学信息的叠加分析进行预测,其中每一种地学信息都作为预测的一个证据因子,而每一个证据因子对矿产资源预测的贡献由其权重值确定。该方法通过一定的数学计算方法确定与成矿作用关系密切的证据图层的权重值,进而计算空间某些位置(任意位置)矿产发育的可能性。

　　方法、原理:将每一种地质标志图层都用二态变量来表示,用 1 表示地质标志存在,0 表示地质标志不存在。每一种地质标志都计算一对权系数,一个表示该标志存在时的权,另一个表示该标志不存在时的权,当无法确定该标志存在与否时,令权系数为 0。预测矿床产出的后验概率比的对数值等于先验概率比的对数值与各种地质标志的权系数之和(见图 6-1)。

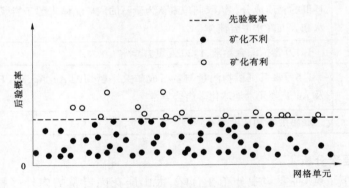

图 6-1　证据权法原理示意图

　　需要注意的是:在计算成矿后验概率时,需要用到有限个独立随机事件的概率乘法公式。因此,每一种控矿地质因素相对于矿床产出这一概率事件来说,都必须是条件独立的。证据权法要求所有的控矿因素都是分布于特定空间范围内的面对象,对于线性或点状控矿因素需要通过设置缓冲区的方法转换成面对象。另外,要求矿床产出这一概率事件所对应的空间实体必须是点对象。

6.2.3.2　圈定预测靶区

　　1. 预测靶区圈定操作步骤

　　本次潜力评价,严格按照 MRAS 软件的操作步骤,采用证据权法初步圈定最小预测区。根据预测要素表,结合数据完整程度、数据质量等因素,优选出燕山晚期侵入岩建造、

断裂构造、含 F 化探综合异常、遥感解译断裂和矿点等构建证据权法的预测要素,具体操作过程如下:

(1)打开矿产资源 MRAS 评价系统软件,新建工程,打开准备好的矿点图层,加载准备好的燕山晚期侵入岩建造、断裂构造、含 F 化探综合异常、遥感解译断裂和矿点等预测要素,然后设置预测单元,本次工作的预测单元设置为网格单元,网格间距为 10 mm×10 mm,并设置预测模板。

(2)进行含矿单元搜索,选择全部证据因子并全部加入。

(3)计算先验概率,并计算证据因子的正负权重。

(4)对证据因子进行独立性检验,所有证据因子独立性强,可以全部参与后验概率计算,计算后验概率。

(5)生成色块图(见图 6-2)和等值线图(见图 6-3),以等值线为底图,划分最小预测区。

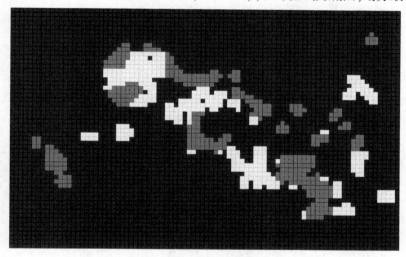

图 6-2 合峪庙湾—竹园萤石成矿区预测色块

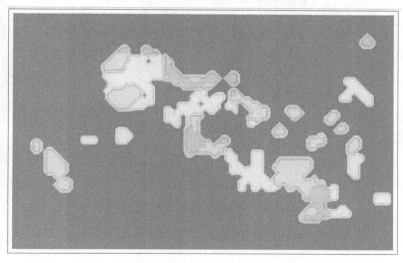

图 6-3 合峪庙湾—竹园萤石成矿区预测等值线

2. 预测靶区分类

预测靶区主要根据预测依据是否充分、与模型区预测要素的匹配程度、后验概率高低、矿体埋藏深度等分类。将预测靶区分为 A、B、C 三类。

A 类：成矿条件十分有利，预测依据充分，成矿匹配程度高，资源潜力大或较大，后验概率高且位于典型矿床已知矿脉外围的最小预测区，综合外部环境较好，经济效益明显的地区。

B 类：成矿条件有利，有预测依据，成矿匹配程度中，后验概率高且已发现有直接找矿线索的预测区；可获得经济效益、可考虑安排工作的地区。

C 类：根据成矿条件，有可能发现资源，可作为探索的其他预测区，或现有矿区外围和深部有预测依据，据目前资料认为资源潜力较小的预测区。

3. 圈定结果

根据上述步骤，在软件初步圈定的最小预测区的基础上，综合考虑本预测区成矿后验概率、各预测要素的阈值、已知矿点分布、含矿构造带分布、矿权分布等特征最终圈定最小预测区（见图 6-4）。共圈定 16 个区域找矿靶区，其中萤石 A 级预测靶区分别为 6 个，B、C 级预测靶区各 5 个，最小预测区级别划分见表 6-5。

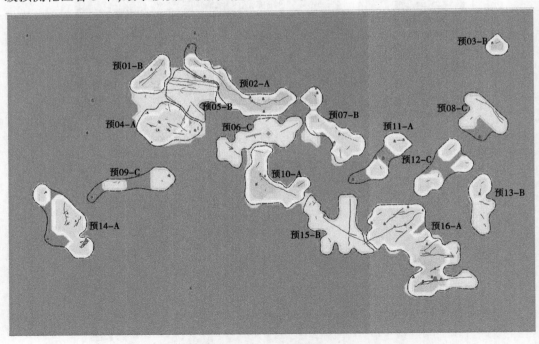

图 6-4　庙湾—竹园萤石成矿区最小预测区分布

表 6-5 庙湾—竹园萤石成矿区最小预测区级别划分

预测区名称	预测区编号	主要矿种	含矿床规模	预测依据	与模型区匹配程度	预测区级别	备注
桑树沟最小预测区	预 01-B	萤石	中型	较充分	中	B 级	
马石沟—水葫芦沟最小预测区	预 02-A	萤石	大型	充分	高	A 级	
君子沟最小预测区	预 03-C	萤石	小型	较充分	中	C 级	
燕子坡—千佛岭最小预测区	预 04-A	萤石	中型	充分	高	A 级	
麦仁场—官庄最小预测区	预 05-B	萤石	中型	较充分	中	B 级	
黑峪沟最小预测区	预 06-C	萤石	矿点	较充分	中	C 级	
杨寺沟—头道沟最小预测区	预 07-B	萤石	中型	较充分	中	B 级	
瓦房沟最小预测区	预 08-C	萤石	矿点	较充分	中	C 级	
三官庙最小预测区	预 09-C	萤石	矿点	较充分	中	C 级	
竹园沟—大干沟最小预测区	预 10-A	萤石	大型	充分	高	A 级	
石浪坪—老和铺最小预测区	预 11-A	萤石	中型	充分	高	A 级	
万沟—沙坪最小预测区	预 12- C	萤石	矿点	较充分	中	C 级	
桃园沟最小预测区	预 13- B	萤石	中型	较充分	中	B 级	
下马丢—柳扒店最小预测区	预 14-A	萤石	大型	充分	高	A 级	
养廉沟—古弥沟最小预测区	预 15-B	萤石	中型	较充分	中	B 级	
韭菜沟—陈楼最小预测区	预 16- A	萤石	大型	充分	高	A 级	

6.3　主要矿脉中深部矿体趋势预测

6.3.1　矿体趋势预测方法及原则

趋势外推法是现代成矿预测理论中进行成矿前景评价中应用较早的一类较成熟的方法,数据资料越丰富,结论的可信度越高。本类方法使用简便、直观、效果较好,目前在大比例尺的成矿预测,特别是矿体定位预测中得到了较广泛的应用(赵鹏大,2001;沈远超,2001、2004;马立成,2006)。

矿体趋势预测方法是现代成矿预测理论趋势外推法及其地质评价的综合应用,所依据的理论基础是惯性理论(赵鹏大,2001)。该方法立足于矿体已知特征,依据矿体有关特征的自然、空间、物化条件、控矿因素、成矿规律等的变化趋势,从已知范围外推相邻未知范围的有关矿体特征、矿体可能的延伸范围。该方法具有简便、直观,易确定靶位,方便工程的布设优化调整、数据动态更新等特点,经深部找矿项目验证是科研与找矿紧密结合的有效方法(汪江河,2014)。

本次研究在收集庙湾—竹园萤石成矿带矿区资料的基础上,选择杨山、砭上萤石矿床3条主矿体周围和深部作为重点对象进行中深部预测,运用 GIS 的空间分析功能,建立空间数据库,基于 MAPGIS 的空间分析功能,在 1:(1 000~2 000)矿体垂直纵投影图上生成便于与已知矿体特征进行套合对比的厚度、品位、厚度品位权值等值线,并根据矿体特征、成矿规律、控矿因素、成矿深度等特征,进行深部矿体趋势预测,圈定主要矿脉中深部预测靶区,确定找矿靶位,并运用地质块段法估算预测区潜在矿产资源。

6.3.2　主要矿脉中深部预测靶区圈定

根据成矿地质条件、地球物理、地球化学等成果,在资源总量预测及区域找矿靶区预测的基础上,选择典型矿床杨山 F3-Ⅲ、砭上 F3-Ⅲ等主要矿脉进行中深部预测,进行矿体趋势预测,圈定找矿靶区。

6.3.2.1　杨山 F3-Ⅲ矿脉中深部找矿靶区

杨山萤石矿床位于庙湾—竹园萤石成矿带的南东端,是区内已知的萤石矿床,其中北西向含矿构造带 F3 出露长度近 4 km,破碎带宽 1.5~5.5 m,局部 15~25.5 m,赋存有已知的Ⅲ₁和Ⅲ₂萤石矿体,矿体多呈舒缓波状,顶、底板围岩均为二长花岗岩,二者界线清晰。蚀变以绢英岩化、硅化为主,局部有较强的碳酸岩化。多期构造活动明显,成矿条件优越。

根据杨山萤石矿床成矿流体中低温、低盐度、低密度等特征,以 100 bar/km 的开放系统计算,成矿深度应该在 0.69~1.14 km,平均 0.97 km。矿床稀土元素地球化学特征反映杨山萤石矿床应属热液成因。

目前,已查明矿体分为两段,其中Ⅲ₁矿体位于308~301线,与东段同一矿脉中的Ⅲ₂矿体间距约1 190 m。矿体倾向220°,倾角70°。矿体走向长616 m,最大斜深342 m,赋存标高1 094~712 m。矿体平均厚度为1.33 m,CaF₂平均品位41.36%。Ⅲ₂矿体位于406~405线,矿体倾向205°,倾角一般70°,走向长812 m,最大斜深543 m,赋存标高1 153~711 m。矿体平均厚度为3.34 m,CaF₂平均品位46.43%。矿体呈似层状,沿走向和倾向总体连续分布,局部存在分支复合特征。矿体厚度较稳定,沿倾向深部有变厚的趋势,并在404~403线存在大于4.0 m的浓集中心(见图6-5);矿体品位在406~405线存在大于40%的富集中心,向深部有变富的趋势(见图6-6)。矿体整体向南东深部侧伏,并向深部稳定延伸,并且在深部可能复合,其中在303~406线400 m标高以上存在无矿段。

综合上述杨山F3-Ⅲ矿脉萤石矿体特征、构造控矿因素、成矿深度、矿体厚度及品位变化趋势等特征要素分析,进行中深部矿体趋势预测,在304~407线深部700~0 m标高段圈定1处预测靶区(见图6-7)。为此,杨山萤石矿床304~407线700~0 m标高为深部找矿最有利地段。

6.3.2.2 砭上F3-Ⅲ矿脉中深部找矿靶区

砭上萤石矿床位于庙湾—竹园萤石成矿带的北西端,位于合峪岩体与熊耳群的接触带上,其中北西向含矿构造带F3构造角砾岩较发育,萤石矿化明显,赋存Ⅲ₁萤石矿体,为区内主要矿体。

本矿区包裹体成矿流体压力变化介于85.84×10⁵~130.02×10⁵ Pa,按开放系统(100 bar/km)计算成矿深度应该为0.86~1.30 km,平均1.02 km。矿床稀土元素地球化学特征反映杨山萤石矿床应属热液成因。

砭上Ⅲ₁萤石矿体位于308~313线,总体走向135°,倾向南西,倾角70°~76°。矿体走向长777 m,最大斜深234 m,埋深0~202 m,赋存标高778~542 m。矿体平均厚度为1.10 m,CaF₂平均品位43.84%。矿体沿走向和倾向均呈舒缓波状,沿走向和倾向连续分布。

砭上Ⅲ₁萤石矿体厚度较稳定,沿倾向深部有变厚的趋势,并在306线、311线存在两个浓集中心,并向深部扩大(见图6-8);矿体品位在浅部311线(650 m标高)、300线以东(690 m标高)、306线(690 m标高)处明显存在3个富集中心,向深部有变富的趋势,并以300线附近为富集中心向两侧及深部延伸扩大(见图6-9)。矿体深部整体向北西方向侧伏,在311线、306线500 m标高以下出现富集地段,并显示深部矿体规模有扩大趋势。

综合上述砭上萤石矿床F3-Ⅲ矿脉萤石矿体特征、构造控矿因素、成矿深度、矿体厚度及品位变化趋势等特征要素分析,进行中深部矿体趋势预测,在311~306线深部500~-300 m标高段圈定1处预测靶区(见图6-10)。为此,砭上萤石矿床311~306线500 m标高以下深部具有较大找矿潜力,为深部找矿最有利地段。

6.3.3 中深部矿产资源定量估算

中深部预测是根据矿床勘查、开发资料,对中深部可能存在的矿体的定位预测,属于

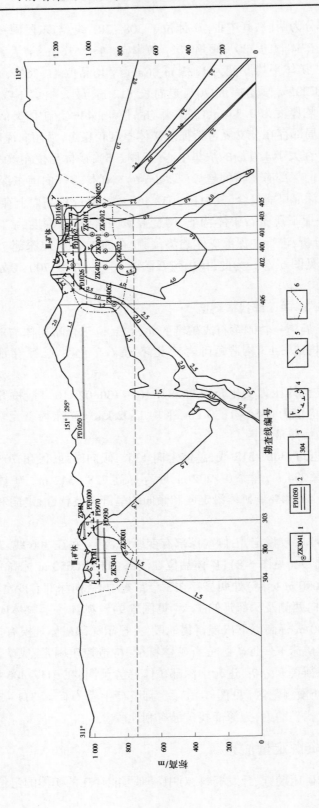

图 6-5　杨山萤石矿床 F3—Ⅲ矿脉厚度趋势预测垂直纵投影

1—矿钻孔及编号；2—坑道及编号；3—勘查线及编号；4—采空区边界线；5—厚度等值线；6—已探获资源量范围。

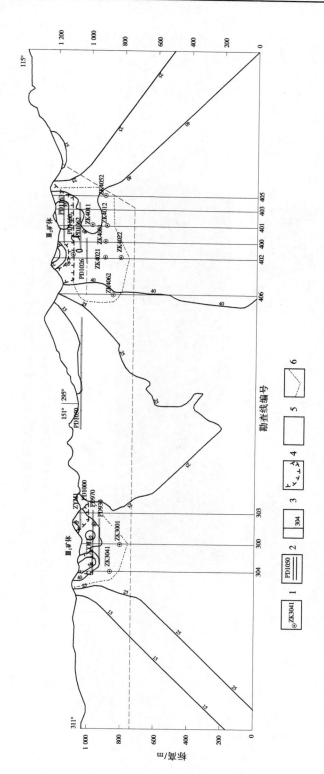

1—矿钻孔及编号;2—坑道及编号;3—勘查线及编号;4—采空区边界线;5—品位等值线;6—已探获资源量范围。

图6-6 杨山萤石矿床 F3-Ⅲ 矿脉品位趋势预测垂直纵投影图

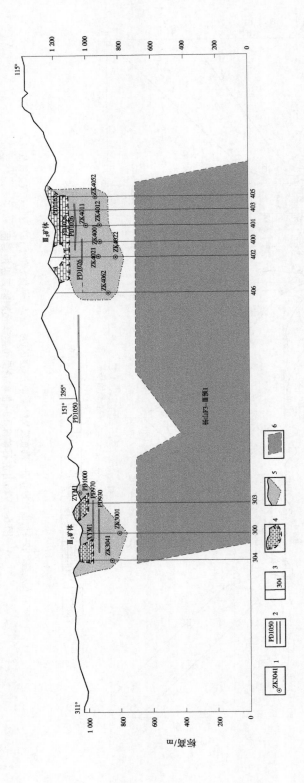

1—矿钻孔及编号;2—坑道及编号;3—勘查线及编号;4—采空区范围;5—已探获资源量范围;6—中深部预测靶区。

图 6-7 杨山萤石矿床 F3-Ⅲ矿脉中深部预测垂直纵投影

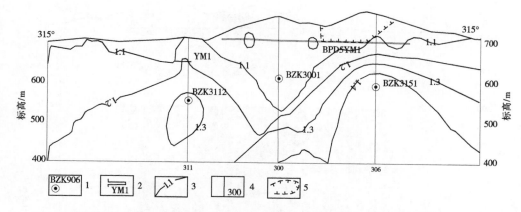

1—矿钻孔及编号;2—坑道及编号;3—厚度等值线;4—勘查线及编号;5—采空区边界线。

图 6-8　砭上萤石矿床 F3-Ⅲ矿脉厚度趋势预测垂直纵投影

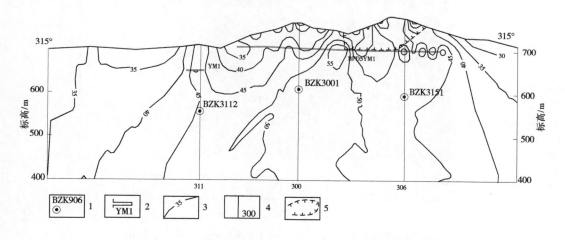

1—矿钻孔及编号;2—坑道及编号;3—品位等值线;4—勘查线及编号;5—采空区边界线。

图 6-9　砭上萤石矿床 F3-Ⅲ矿脉品位趋势预测垂直纵投影

已知矿床的"摸底"。它是在找矿模型的指导下,根据对区内资源总量的认识,结合矿体分布规律对矿床规模的重新界定。

6.3.3.1　工业指标及估算方法的选择

工业指标均按《矿产地质勘查规范 重晶石、毒重石、萤石、硼》(DZ/T 0211—2020)规范中的规定进行。结合研究区内采矿和选矿生产实际情况,本次预测资源量估算只使用边界品位。萤石矿边界品位为 15%,最小可采厚度为 0.7 m。

区内萤石矿体为中等倾斜和陡倾,多呈脉状和透镜状,因此成矿预测在垂直纵投影图上进行,根据已知矿体浅部及中深部厚度、品位情况,通过 MAPGIS DTM 空间分析方法进行空间模型的建立,得到矿体的厚度品位权值等值线图,对预测区资源潜力进行深部趋势

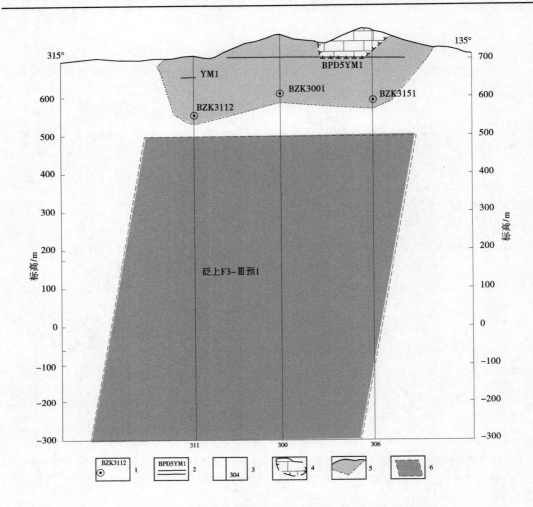

1—矿钻孔及编号;2—坑道及编号;3—勘查线及编号;4—采空区范围;

5—已探获资源量范围;6—中深部预测靶区。

图 6-10　砭上萤石矿床 F3-Ⅲ矿脉中深部预测垂直纵投影

预测,圈定矿体的预测赋存范围。预测区资源量估算方法为算术平均法。

6.3.3.2　估算参数的确定

(1)面积:借助 MAPGIS 软件,在资源量估算垂直纵投影图上,通过计算机直接测定所圈定的矿体预测赋存范围的面积。测定次数不少于 2 次,在误差不大于 5‰时取其平均值作为垂直纵投影面积。然后根据比例尺和各矿体的平均倾角换算成斜面积,参与资源量估算。

在面积的确定中主要是走向长度和下推深度的界定。走向上一般依据浅部矿体长度确定;垂向上则依据矿床规模、矿体规模以及浅部矿化段的垂高确定。因此,各预测区的垂高并不一致。

（2）厚度：将预测区内稀疏工程或者上部相邻工程中样品（线）的厚度用算术平均法求出平均厚度，参加估算。

（3）品位：将预测区内稀疏工程或者上部相邻工程中样品品位用厚度加权法计算其平均品位，参加估算。

（4）体重：各预测区矿石体重原则上采用对应浅部矿体原生矿石的平均体重。

（5）含矿率：含矿率也称含矿系数，是深部成矿预测的一个重要参数。含矿率的确定主要依据对应浅部矿体的含矿系数求得。含矿率按下列公式计算：

$$K_p = S_p / S_o$$

式中：K_p 为含矿率；S_p 为矿脉或勘查区内矿体面积之和，m^2；S_o 为矿脉或勘查区面积之和，m^2。

矿体面积和勘查区面积是在浅部勘查成果的资源储量估算图上测量求得的，实际使用原始计算值时作了小的调整（见表6-6）。

表6-6 主要矿脉深部预测区含矿率选取结果

矿区	矿脉	含矿率/%	
		浅表部已探明矿体	预测中深部选取
杨山	F3-Ⅲ	35	30
砭上	F3-Ⅲ	44	40

（6）预测深度：本次采用的矿体趋势预测方法主要是依据惯性理论，借助统计方法，分析矿体延展趋势异常的特征，从而圈定找矿有利地段（靶区）和确定靶位，对预测区的成矿有利度作出定量评价。据此，矿体趋势预测深度与矿体走向规模大小、控制矿体的倾向延展长度有着密切的关系。

6.3.3.3 潜在矿产资源估算结果

通过对杨山、砭上萤石矿床2条主矿脉中深部（垂深200~1 000 m）进行定量预测，预测萤石（CaF_2 矿物）潜在矿产资源可达746.5万t。根据中浅部勘查成果求得30%~40%的含矿率，预测萤石（CaF_2 矿物）潜在矿产资源232万t（见表6-7）。其中，杨山F3-Ⅲ矿脉潜在矿产资源达201万t，砭上F3-Ⅲ矿脉潜在矿产资源达31万t。

表 6-7 杨山、砭上矿区主矿脉预测潜在矿产资源汇总

矿区	矿脉	标高范围/m	投影面积/m²	倾角/(°)	斜面积/m²	平均厚度/m	体积/m³	体重/(t/m³)	估算矿石量/万 t	平均品位/%	估算CaF₂矿物量/万 t	含矿率/%	预测矿石量/万 t	预测CaF₂矿物量/万 t	备注
杨山	F3-Ⅲ	700~0	1 636 500	70	1 741 527	3.04	5 294 242	2.76	1 461.2	45.74	668.4	30	438	201	
砭上	F3-Ⅲ	500~300	550 900	70	586 256	1.10	644 882	2.76	178.0	43.87	78.1	40	71	31	
合计									1 639.2		746.5		509	232	

7 结 语

7.1 本次工作评述

严格按照各类规范全面完成了设计批复的实物工作量,样品测试由河北省区域地质矿产调查研究所实验室、河南省地质矿产勘查开发局第一地质矿产调查院实验室、核工业北京地质研究院、中国地质调查局天津地质调查中心承担岩石矿物的测试和鉴定,样品分析测试单位均有相应测试资质,全部结果准确可靠,满足测试有关要求。收集利用资料进行了严格的合规性和有效性筛选。

7.2 主要研究进展

本次研究在充分收集豫西地区萤石相关资料以及野外地质调查的基础上,以现代成矿理论为指导,运用基础地质学、流体包裹体地质学、同位素地质学和成矿预测学等理论和技术方法,从矿体特征、元素地球化学、成矿流体地球化学和同位素地球化学、成矿预测等方面进行研究,分析区域地质背景、矿床地质特征,探讨成矿流体性质、成矿物质来源、矿质沉淀机制以及成矿时代等,对矿床成因和成矿规律进行全面研究,并根据成矿规律进行成矿预测,指出找矿方向。通过上述研究,本书取得了以下几点成果和认识:

(1)通过对区域含矿建造、构造、岩浆岩的研究,根据研究区内萤石矿产出位置,可划分为花岗岩基内部、花岗岩基外接触带。区内大部分萤石矿产主要赋存于合峪花岗岩基内部的 NE、NW、近 EW 向断裂带中,明显受断裂构造控制,常呈陡倾斜脉状或舒缓波状,发育有栾川柳扒店、马丢、杨山等萤石矿;产于合峪花岗岩基外接触带的萤石矿主要赋存于岩基与熊耳群之间接触带的 NW、NE 向断裂带中,受构造控制,分布有栾川砭上等萤石矿。矿体的空间分布、产状变化严格受断裂构造控制,在断裂破碎带的近顶板部位、产状由陡变缓部位、构造角砾岩发育部位矿化明显增强。研究区内围岩蚀变类型组合比较简单,主要为一套中-低的热液蚀变组合,主要有硅化、绢云母化,其次为绿泥石化、碳酸盐化等。

(2)通过矿石及围岩微量元素特征研究,显示矿石中 Ni 元素相对富集,可作为判定萤石矿异常区的指示元素,并揭示成矿物质一致性并有幔源或下地壳物质的加入;微量元素标准化蛛网图显示矿床成矿作用具有多期次性,成矿过程中流体与围岩发生不同程度的水岩反应;通过 Rb/Sr、Nb/Ta、Zr/Hf 比值分析发现,指示萤石成矿过程中,成矿流体没有发生大规模的渗入性流体流动,后期有大气降水的加入。

(3)通过对萤石的稀土元素进行地球化学特征研究,发现其球粒陨石标准化曲线分配模式基本一致,具有负 Eu 异常特征,指示该矿床萤石沉淀时成矿流体为成矿温度较低的还原环境；存在明显的 Ce 负异常，与区内合峪花岗岩体的 δCe 值相似，揭示了成矿流体具有一致或相近的来源，可能来源于形成合峪岩体同期的岩浆热液。根据 Y/Ho - La/Ho 关系图，指示矿床的成矿流体可能具有一致的富 F 流体来源。综合矿床地质特征、Y/Ho-La/Ho 关系图、Tb/La - Sm/Nd 关系图、Tb/Ca - Tb/La 关系图，杨山萤石矿床中不同颜色的萤石矿表现为硅化萤石→紫色萤石→绿色萤石→浅（白）色萤石结晶演化的趋势，在形成时间存在一定微小的差异。根据 Tb/Ca-Tb/La 关系图及（La+Y）-Y/La 关系图，表明区内萤石矿床为岩浆热液型萤石矿床，与花岗岩的侵入有着密切的关系。

（4）综合流体包裹体研究，研究区内萤石矿床中流体包裹体主要以富液相的气液两相包裹体为主；萤石的成矿温度主要集中在 130 ~ 170 ℃，盐度主要集中于 6%~14%NaCl eqv.；成矿前期形成的石英成矿温度主要集中在 200~240 ℃，盐度 1%NaCl eqv. 左右。表明研究区矿床为中低温矿床，成矿过程由中低温向低温演化；成矿过程中成矿流体盐度变化范围较大，属中低密度流体。流体包裹体气相成分以 H_2O 为主，其次为 CO_2、N_2 等，液相成分以 Na^+、Cl^- 为主，其次为 K^+、SO_4^{2-}、NO_3^-。成矿溶液主要为中低温、低盐度、低密度 $NaCl-H_2O$ 溶液。

（5）研究区内萤石矿床中萤石成矿深度在 0.69~1.30 km，平均 0.97 km；石英成矿深度 0.82~1.53 km，平均 1.23 km，显示石英的成矿深度大于萤石。

（6）通过萤石和石英的氢氧同位素研究显示，区内萤石的成矿流体来源于岩浆水和大气降水混合流体。根据 $^{87}Sr/^{86}Sr$ 比值，矿体与黑云母二长花岗岩中 $^{87}Sr/^{86}Sr$ 比值接近，而与英安（斑）岩中 $^{87}Sr/^{86}Sr$ 比值相差加大，暗示萤石中 Ca 的来源可能与黑云母二长花岗岩同源，这与矿体和岩体稀土元素中 δCe 值研究结果一致。综合研究认为成矿物质 F 主要来源于燕山期的酸性-中酸性岩浆侵入的后热液活动，合峪岩体及其外接触带的火山岩亦可为萤石成矿提供部分 F 的来源；成矿热流体自地层深部向上运移过程中，循环淋滤并吸收来自花岗岩体或熊耳群的钙质成分，为萤石成矿提供 Ca 的来源。

（7）通过杨山、砭上典型矿床中萤石 Sm-Nd 同位素分析，等时线拟合较差，发现等时线拟合情况较差，基本无法得到可用的等时线年龄。综合分析区域内陈楼萤石[（120±17）Ma]、马丢萤石矿[（119.1±4.3）Ma]Sm-Nd 等时线年龄，萤石矿成矿作用发生在燕山晚期早白垩世，稍晚于区域燕山期花岗岩，但二者应为同一构造-岩浆-流体活动的产物。这与华北地块南缘燕山期的成矿事件具有较好的对应关系。矿床成因类型为浅成中低温岩浆期后热液型萤石矿床。

（8）通过区域成矿地质条件分析和矿床地质特征研究，总结了杨山萤石矿、砭上萤石矿的地质特征、矿石组构特征、围岩（矿化）蚀变特征，认为它们具有相同（似）的地质特征和成因特征；总结了区域萤石矿成矿规律，并梳理出构造蚀变带、围岩（矿化）蚀变、地球化学异常以及花岗岩基的内外接触带内正负地形地貌为本区重要的找矿标志。

（9）通过综合典型矿床（包括已发现矿床）地质、化探、遥感、重砂等方面的特征对比分析，梳理成矿预测要素，结合数据完整程度、数据质量等因素，优选确定 5 个预测变量（燕山晚期侵入岩建造、断裂构造、含 F 化探综合异常、遥感解译断裂和矿点），基于 MRAS 的证据权重法空间分析功能，对栾川庙湾—竹园萤石成矿区进行区域找矿靶区预测，圈定最小预测区 16 处，其中 A 级预测靶区 6 个，B、C 级预测靶区各 5 个，为下一步区域找矿部署指明了方向。

（10）依据矿产地质、地球化学等资料的耦合和集成，主要针对杨山、矼上萤石矿床主矿脉中深部进行定位定量预测，圈定深部预测区 2 处，估算萤石（CaF_2 矿物）潜在矿产资源 232 万 t。杨山萤石矿床 304~407 线 700 m 标高、矼上萤石矿床 311~306 线 500 m 标高以深均具有较大找矿潜力，可作为下一步矿区重点找矿方向。

7.3 存在的问题及建议

研究区以往地质勘查及科研工作积累了较丰富的地质资料，虽然我们想把研究工作深入一步、提高一些，但限于研究团队的认知水平，在短期内完成本研究项目面临着很多的困难。

7.3.1 成矿年龄方面的问题

本次研究杨山、矼上萤石的 Sm-Nd 同位素测年，等时线拟合情况较差，通过对离群样品的剔除，得到了不同的等时线年龄，基本无法得到可用的等时线年龄。建议在今后的工作中，对该区萤石矿床成矿时限的确定还需进一步研究。

7.3.2 资料收集及信息交流方面的问题

本研究项目属于地质科研，我们着重突出了科研工作为地质找矿服务，科研与生产实践的紧密结合，在成矿预测理论指导下确立找矿方向，开展中深部萤石矿找矿靶区和资源定量预测。科研和成矿预测要有丰富的实际资料支持，但研究区多数矿山资料保存不齐备或处于保密状态，相关资料收集难度较大，导致个别矿床资料不足，某些数据非常少，甚至不完整，项目研究存在一定的不足。

参考文献

[1] Barbieri M ,Tolomeo L,VotT bggio M. Yttrium,lanthanum and manganese geochemistry in fluorite deposits from Sardinia(Italy) [J]. Chemical Geology,1983,40:43-50.

[2] Barbieri M, Bellanca A, Neri R,et al. Use of strontium isotopes to determine the sources of hydrothermal fluorite and barite from northwestern Sicily (Italy) [J]. Chemical Geology: Isotope Geoscience section, 1987, 66(3-4): 273-278.

[3] Bau M, Dulski P. Comparative study of yttrium and rare-earth element behaviours in fluorine-rich hydrothermal fluids[J]. Contributions to Mineralogy and Petrology, 1995, 119(2): 213-223.

[4] Bau M,Dulski P. Compartive study of yttrium and rare-earth element behaviors in fluorite-rich hydrothermal fluids[J]. Contributions to Mineralogy and Petrology,1995,119(2):213-223.

[5] Bau M,Möller P. Rare earth element fract ionation in met amorphogenic hydrothermal calcite,magnesite and siderite[J]. Mineralogy and Petrology,1992,45(3): 231-246.

[6] Bau M. Rare-earth element mobility during hydrothermal and metamorphic fluid-rock interaction and the significance of the oxidation state of europium[J]. Chemical Geology, 1991, 93(3-4): 219-230.

[7] Chesley J T, Halliday A N, Kyser T K, et al. Direct dating of Mississippi Valley-type mineralization: use of Sm-Nd in fluorite[J]. Economic Geology, 1994, 89:1192-1199.

[8] Chesley J T, Halliday A N, Scrivener R C. Samariumneodymium direct dating of fluorite mineralization [J]. Science,1991,252:949-951.

[9] Constantopoulos J. Fluid inclusions and rare earth element geochemistry of fluorite from south-central Idaho [J]. Economic Geology,1988,83(3):626-636.

[10] Deer W, Howie R, Zussman J. An Introduction to the Rock-Forming Minerals John Wiley & Sons[J]. Inc. , New York, 1966: 232-249.

[11] Deng X H,Chen Y J,Yao J M,et al. Fluorite REE-Y (REY) geochemistry ofthe ca. 850 Ma Tumen molybdenite-fluorite deposit, eastern Qinling, China: Constraints on ore genesis [J]. Ore Geology Reviews,2014,63:532-543.

[12] Dill H G. The "chessboard" classification scheme of mineral deposits: Mineralogy and geology from aluminum to zirconium[J]. Earth-Science Reviews,2010,100(1-4):1-420.

[13] Evans N J, Wilson N S, Cline J S, et al. Fluorite (U-Th)/He Thermochronology: Constraints on the Low Temperature History of Yucca Mountain, Nevada[J]. Applied Geochemistry, 2005,20(6):1099-1105.

[14] Fournier R O. Hydrothermal processes related to movement of fluid from plastic into brittle rock in the magmatic-epithermal environment[J]. Economic Geology,1999,94:1193-1211.

[15] Graupner T, Mühlbach C, Schwarz-Schampera U,et al. Mineralogy of high-field-strength elements (Y, Nb,REE) in the world-class Vergenoeg fluorite deposit,South Africa[J]. Ore Geology Reviews,2015, 64:583-601.

[16] Jerry R W, Robert F M. Phase equilibria of a fluorine-rich leucogranite from the St . Austell pluton, Cornwall[J]. Geochemica et Cos-mochimica Acta ,1987,51:1591-1597.

[17] Loucks R R. Precise geothermometry on fluid inclusion populations thattrapped mixtures of immiscible fluids[J]. American Journal of Science,2000,300(1):23-59.

[18] Möller P, Morteani G. On the geochemical fractionation of rare earth elements during the formation of

Caminerals and its application to problems of the genesis of ore deposits[C]// Augustithis. The significance of trace elements in solving petrogenetic problems and controversies. Athens: Theophrastus Pub. ,1983:747-791.

[19] Möller P, Bau M, Dulski P, et al. REE and Y fractionation in fluorite and their bearing on fluorite formation[C]// Proceedings of the 9th Quadrennial IAGOD Symp, Schweizerbart, Stuttgart:1998:575-592.

[20] Möller P,Parekh P P,Schneider H J. The application of Tb/Ca-Tb/La abundance ratios to problems of fluorspar genesis[J]. Mineralium Deposita, 1976, 11(1):111-116.

[21] Möller P,Parekh P P,Schneider H J. The application of Tb/Ca-Tb/La abundance ratios to problems of fluorspar genesis[J]. Mineral Deposit,1976,11(1):111-116.

[22] Mondillo N, Boni M, Balassone G, et al. Rare earth elements(REE)—Minerals in the Silius fluorite vein system (Sardinia, Italy)[J]. Ore Geology Reviews, 2016, 74:211-224.

[23] Ronchi L H, Touray J C, Dardenne M A. Complex Hydrothermal History of a Roof Pendant-Hosted Fluorite Deposit at Volta-Grande, Parana (Southern Brazil)[J]. Economic Geology and the Bulletin of the Society of Economic Geologists, 1995, 90(4):948-955.

[24] Schneider H J, Möller P, Parekh P P. Rare earth element distribution in fluorites and carbonate sediments of the east Alpine mid Triassic sequences in the Nordliche Kalkalpen[J]. Mineralium Deposita, 1975, 10 : 330-344.

[25] Schwinn G, Markl G. REE systematics in hydrothermal fluorite[J]. Chemical Geology,2005,216(3-4): 225-248.

[26] Sibson R H. Crustal stress, faulting and fluid flow[J]. Geological Society Special Publications, 1994, 78:69-84.

[27] Simonetti A, Bell K. Nd, Pd, and Sr isotope systematics of fluorite at the Amba Dongar carbonatite complex, India: evidence for hydrothermal and crustal fluid mixing[J]. Economic Geology, 1995, 90: 2018-2027.

[28] Subías I, Fernández-Nieto C. Hydrothermal events in the Valle de Tena (Spanish Western Pyrenees) as evidenced by fluid inclusions and trace-element distribution from fluorite deposits[J]. Chemical Geology, 1995,124(3-4):267-282.

[29] Sun S S,McDonough W F. Chemical and isotopic systematics of oceanic basalts:Implications for mantle composition and processes[J]. Geological Society London,Special Publications,1989,42:313-345.

[30] Veksler I V, Dorfman A M, Kamenetsky M,et al. Partitioning of lanthanides and Y between immiscible silicate and fluoride melts, fluorite and cryolite and the origin of the lanthanide tetrad effect in igneous rocks[J]. Geochimica Et Cosmochimica Acta, 2005, 69(11) : 2847-2860.

[31] Williams-Jhons A E, Samoson I M, Olivo G R. The genesis of hydrothermal fluorite-REE deposits in the Gallinas Mountains,New Mexico[J]. Economic Geology, 2000,95:327-341.

[32] R. S. Robert,O. R. Robert,杨丽清. 爱达荷州萤石中流体包裹体的稳定同位素研究:对了解始新世期间大陆气候的意义[J]. 地质地球化学,1994(5):39-43.

[33] А. И. 安德烈耶娃,苏守田. 萤石的标型特征对寻找陆相火山建造有关的热液铀矿化的意义[J]. 世界核地质科学,1980(3):226-229.

[34] А. И. 列别金采夫. 萤石矿矿床类型和勘探方法[J]. 中国地质,1960,(4):37-44.

[35] 曹华文,张寿庭,高永璋,等. 内蒙古林西萤石矿床稀土元素地球化学特征及其指示意义[J]. 地球化学,2014,43(2):131-140.

[36] 曹俊臣. 华南低温热液脉状萤石矿床稀土元素地球化学特征[J]. 地球化学,1995,24(3):225-234.

[37] 曹俊臣. 中国萤石矿床分类及其成矿规律[J]. 地质与勘探,1987,23(3):12-17.

[38] 曹俊臣. 中国萤石矿床稀土元素地球化学及萤石的矿物物理特征[J]. 地质与勘探,1997(2):18-23,38.

[39] 曾昭法. 内蒙古林西地区萤石矿床地球化学特征与成因探讨[D]. 北京:中国地质大学,2013.

[40] 陈银汉,燕永恒. 平泉萤石晶体的包裹体研究[J]. 矿物学报,1986(2):167-173.

[41] 翟德高,王建平,刘家军,等. 内蒙古甲乌拉银多金属矿床成矿流体演化与机制分析[J]. 矿物岩石,2010(2):68-76.

[42] 丁正宇. 旺华萤石矿成矿地质特征及找矿模型[J]. 西部探矿工程,2007(8):88-89.

[43] 方乙,李忠权. 浙江缙云县骨洞坑萤石矿床成因及成矿模式[J]. 四川有色金属,2010,(3):10-16.

[44] 冯佳睿,周振华,程彦博. 云南南秧田钨矿床流体包裹体特征及其意义[J]. 岩石矿物学杂志,2010,29(1):50-58.

[45] 高文亮. 江西波阳莲花山萤石矿床地质特征及矿床成因探讨[J]. 江西地质,1996,10(2):85-92.

[46] 韩文彬. 萤石矿床地质及地球化学特征:以浙江武义矿田为例[M]. 北京:地质出版社,1991.

[47] 韩以贵. 豫西地区构造岩浆作用与金成矿的关系-同位素年代学的新证据[D]. 北京:中国地质大学,2007.

[48] 黄从俊,李泽琴. 拉拉 IOCG 矿床萤石的微量元素地球化学特征及其指示意义[J]. 地球科学进展,2015,30(9):1063-1073.

[49] 李爱民,张巧莲,徐振民. 山东省招远市青龙萤石矿床地质特征[J]. 山东地质,2002,18(2):36-41.

[50] 李福春,朱金初,饶冰,等. 富氟花岗岩中萤石岩浆成因的新证据[J]. 矿物学报,2000,20(3):224-227.

[51] 李诺,陈衍景,倪智勇,等. 河南省嵩县鱼池岭斑岩钼矿床成矿流体特征及其地质意义[J]. 岩石学报,2009,25(10):2509-2522.

[52] 李欣宇,邹灏,张强,等. 浙江缙云盆地吾山萤石矿床流体包裹体研究[C]//资源环境与地学空间信息技术新进展学术讨论会,2016.

[53] 李长江,蒋叙良. 浙江萤石矿床的裂变径迹年龄测定及有关问题讨论[J]. 地球化学,1989,28(2):181-188.

[54] 刘铁庚,赵云龙,李新安. 辐射损伤与萤石颜色的初步研究[J]. 矿物学报,1983,(4):300-303.

[55] 卢武长,杨绍全,张平. 浙江黄双岭萤石矿的同位素研究[J]. 成都地质学院学报,1991,18(3):103-111.

[56] 马承安,韩文彬. 萤石染色机理初析:以武义萤石为例[J]. 火山地质与矿产,1992,13(3):53-62.

[57] 马承安. 武义萤石矿床矿物包裹体研究[J]. 中国地质科学院南京地质矿产研究所所刊,1990,11(3):13-24.

[58] 牛贺才,单强,林茂青. 四川冕宁稀土矿床包裹体研究[J]. 地球化学,1996,25(6):559-567.

[59] 潘忠华,范德廉. 川东南脉状萤石-重晶石矿床流体包裹体研究[J]. 矿物岩石,1994,14(4):9-16.

[60] 庞绪成,李文明,刘纪峰,等. 河南省嵩县陈楼萤石矿流体包裹体特征及其地质意义[J]. 河南理工大学学报(自然科学版),2019,38(1):45-53.

[61] 裴秋明,刘图强,苑鸿庆,等. 2015. 广西姑婆山离子吸附型稀土矿床微量元素地球化学特征[J]. 成都理工大学学报:自然科学版,42(4):451-462.

[62] 彭建堂,胡瑞忠,漆亮,蒋国豪.晴隆锑矿床中萤石的稀土元素特征及其指示意义[J].地质科学,2002,37(3):277-287.

[63] 秦朝建,裘愉卓,温汉捷,等.牦牛坪稀土矿床萤石中的包裹体研究[C]//中国矿物岩石地球化学学会第九届学术年会.2003.

[64] 邵洁涟.金矿找矿矿物学[M].武汉:中国地质大学出版社,1988.

[65] 石玉臣,王芳,焦秀美,等.山东省萤石矿的成矿规律探讨[C]//华东六省一市地学科技论坛,2003.

[66] 孙丰月,金巍,李碧乐,等.关于脉状热液金矿床成矿深度的思考[J].长春科技大学学报,2000,30(金矿专辑):27-30.

[67] 汤正义,陈璐芳,陈渭涛.浙江省西北部萤石矿成矿规律研究[J].地质与勘探,1986,(1):26-30.

[68] 涂登峰.湖南双江口-将军庙萤石矿床矿物中包裹体研究[J].地球化学,1987,(3):274-279.

[69] 万永文,朱自尊.遂昌、丽水萤石的包裹体研究[J].科学通报,1989,(5):369-372.

[70] 王国芝,胡瑞忠,刘颖,等.黔西南晴隆锑矿区萤石的稀土元素地球化学特征[J].矿物岩石,2003,23(2):62-65.

[71] 王吉平,商朋强,熊先孝,等.中国萤石矿床分类[J].中国地质,2014,41(2):315-325.

[72] 王亮,张寿庭,裴秋明,等.内蒙古林西县小北沟萤石矿床流体包裹体特征[J].矿物学报,2015,(S1):500.

[73] 文春华,徐文艺,钟宏,等.安徽姚家岭锌金多金属矿床地质特征与浅部矿化流体包裹体研究[J].矿床地质,2011,30(3):533-546.

[74] 文化川,汪建中.南坑萤石矿床萤石包裹体特征及成因研究[J].矿物岩石,1992,12(3):74-79.

[75] 席晓凤,吴林涛,马珉艺.杨山萤石矿床地质特征及围岩稀土元素地球化学特征[J].中国矿业,2018,27(S1):147-150.

[76] 夏学惠,徐少康,严生贤,等.浙江八面山特大型萤石矿床成因研究[J].化工矿产地质,2009,31(2):65-75.

[77] 徐旃章,张寿庭,沈军辉,等.浙江武义萤石矿田金(银)-萤石矿控矿构造型式[J].成都理工大学学报,1999,26(2):107-112.

[78] 许成,黄智龙,漆亮,等.萤石Sr、Nd同位素地球化学研究评述[J].地质地球化学,2001,29(4):27-34.

[79] 许东青,聂凤军,钱明平,等.苏莫查干敖包超大型萤石矿床的稀土元素地球化学特征及其成因意义[J].矿床地质,2009,28(1):29-41.

[80] 许东青.内蒙古苏莫查干敖包超大型萤石矿化区形成环境、地质特征及成矿机理研究[D].北京:中国地质科学院,2009.

[81] 燕建设,庞振山,岳铮生,等.马超营断裂带构造特征及金矿成矿研究[M].郑州:黄河水利出版社,2005.

[82] 燕长海,刘国印,彭翼,等.豫西南地区铅锌银成矿规律[J].北京:地质出版社,2009.

[83] 杨文龙,Fayek M,李彦龙,等.西准白杨河铍矿床萤石及流体包裹体特征[J].新疆地质,2014,(1):82-86.

[84] 杨子荣,吴晓娟,程琳,等.辽宁义县地区萤石矿床流体包裹体研究[C]//全国成矿理论与深部找矿新方法及勘查开发关键技术交流研讨会论文集.2010.

[85] 袁野.ICP—MS法初步分析影响萤石颜色的因素[J].地球科学进展,2012,27(S1):517.

[86] 张宝琛,覃功炯,王凤阁.辽宁省岫岩县东堡子金矿流体包裹体研究[J].现代地质,2002,16

(1):26-30.

[87] 张国伟,等.秦岭造山带的形成及其演化[M].西安:西北大学出版社,1988.

[88] 张国伟,张本仁,袁学诚,等.秦岭造山带与大陆动力学[M].北京:科学出版社,2001.

[89] 张良旭,陈怀录,吕鸿图,等.马衔山萤石矿床层控属性及矿床成因[J].兰州大学学报,1988, 24(3):100-107.

[90] 张寿庭,曹华文,郑硌,等.内蒙古林西水头萤石矿床成矿流体特征及成矿过程[J].地学前缘, 2014,21(5):31-40.

[91] 张兴阳,顾家裕,罗平,等.塔里木盆地奥陶系萤石成因及其油气地质意义[J].岩石学报,2006, 22(8):2220-2228.

[92] 章永加.浙江武义盆地萤石矿成因分析[J].成都理工学院学报,1996,23(4):48-51.

[93] 赵磊,杨忠琴,贺永忠,等.贵州省务川~沿河地区萤石矿床流体包裹体特征[J].贵州地质,2015, 32(3):196-202.

[94] 赵省民,聂凤军,江思宏,等.内蒙古东七一山萤石矿床的稀土元素地球化学特征及成因[J].矿床 地质,2002,21(3):311-316.

[95] 赵太平.华北陆块南缘熊耳群形成时代讨论[J].地质科学,2001,36(3).326-334.

[96] 赵玉.河南栾川马丢萤石矿地质地球化学特征及成因探讨[D].北京:中国地质大学,2016.

[97] 周珂.豫西鱼池岭斑岩型钼矿床的地质地球化学特征与成因研究[D].北京:中国地质大学, 2008.

[98] 朱东亚,胡文瑄,宋玉才,等,塔里木盆地塔中45井油藏萤石化特征及其对储层的影响[J].2005, 24(3):205-215.

[99] 朱斯豹.云南田冲白钨矿床萤石包裹体及地球化学研究[D].成都:成都理工大学,2013.

[100] 邹灏.川东南地区重晶石—萤石矿成矿规律与找矿方向[D].北京:中国地质大学,2013.